Dania Rosabal

Diversidad, patrón de coexistencia y distribución espacial de líquenes

Dania Rosabal

Diversidad, patrón de coexistencia y distribución espacial de líquenes

En un bosque lluvioso montano de Cuba Oriental

PUBLICIA

Impressum / Aviso legal
Bibliografische Information der Deutschen Nationalbibliothek: Die Deutsche Nationalbibliothek verzeichnet diese Publikation in der Deutschen Nationalbibliografie; detaillierte bibliografische Daten sind im Internet über http://dnb.d-nb.de abrufbar.

Información bibliográfica de la Deutsche Nationalbibliothek: La Deutsche Nationalbibliothek clasifica esta publicación en la Deutsche Nationalbibliografie; los datos bibliográficos detallados están disponibles en internet en http://dnb.d-nb.de.

Coverbild / Imagen de portada: www.ingimage.com

Verlag / Editorial:
PUBLICIA
ist ein Imprint der / es una marca de
OmniScriptum GmbH & Co. KG
Bahnhofstraße 28, 66111 Saarbrücken, Deutschland / Alemania
Email / Correo Electrónico: info@omniscriptum.com

Herstellung: siehe letzte Seite /
Publicado en: consulte la última página
ISBN: 978-3-8416-8369-4

Zugl. / Aprobado por: Santiago de Cuba, Universidad de Oriente, Tesis Doctoral, 2016

A José Guillermo Palacios Rosabal

Luz de mi vida

TABLA DE CONTENIDOS

Introducción

Una de las relaciones simbióticas más exitosas en la naturaleza es la formada entre un hongo (micobionte) y un alga verde o una cianobacteria (fotobionte). Los líquenes son originados por procesos de simbiogénesis, concepto evolutivo que se refiere a la aparición de nuevos rasgos morfológicos, fisiológicos, ecológicos y genéticos. Los líquenes se interpretan como una de las estrategias utilizadas por los hongos para la colonización del ambiente terrestre, a través de la adquisición de autotrofía secundaria (Barreno, 2004). Algunos grupos de hongos incluyen especies tanto en simbiosis como en vida libre, por lo que los líquenes constituyen un grupo polifilético (Gargas *et al.*, 1995). Esto sugiere que la liquenización ha ocurrido más de una vez en la historia evolutiva y en diferentes órdenes de hongos (Nash, 1996).

Se estiman 15 000 especies de líquenes a nivel mundial, de los cuales, el 99 % son *Ascomycetes*. Dentro de esta clase, 18 órdenes incluyen, o son exclusivamente, taxones de hongos que liquenizan (*Acarosporales, Arthoniales, Baeomycetales, Candelariales, Dothideales, Lecanorales, Lecideales, Lichinales, Mycocaliciales, Ostropales, Patellariales, Peltigerales, Pertusariales, Pyrenulales, Rhizocarpales, Teloschistales, Umbilicariales y Verrucariales*) (Kirk *et al.*, 2008). Se han reportado alrededor de 25 géneros de algas verdes y 12 de cianobacterias como fotobiontes de líquenes. Entre los géneros de algas verdes más frecuentes se encuentran *Trebouxia* (presente en el 20 % de los líquenes y raramente observado en vida libre) y *Trentepohlia*. Los cianobiontes más usuales son *Nostoc*, *Scytonema*, *Stigonema*, *Gleocapsa* y *Calothrix* (Nash, 1996).

Desde el punto de vista fisiológico, la capacidad de cambiar los niveles de actividad en los diferentes procesos metabólicos les ha permitido colonizar los ambientes más extremos de humedad, temperatura e iluminación. Debido a esta característica, son componentes dominantes por su biomasa en los ecosistemas circumpolares y glaciares. Sin embargo, numerosos estudios han demostrado que la diversidad de líquenes en los bosques tropicales sobrepasa la encontrada en zonas templadas (Gradstein, 1992; Aptroot, 1997; Aptroot y Sipman, 1997). Crecen sobre varios tipos de sustratos, lo que permite clasificar las especies como: corticícolas (sobre corteza), foliícolas (sobre hojas), saxícolas (sobre rocas) y terrícolas (sobre el suelo) (Broad, 1989).

Los líquenes sirven de alimento y refugio a numerosas especies de invertebrados, intervienen en la fijación del carbono y el nitrógeno, así como, constituyen los primeros estadios en la sucesión primaria. Sus pigmentos han sido utilizados industrialmente en la producción de perfumes y tintes para tejidos (Purvis, 2000). Las propiedades antibióticas de los metabolitos secundarios de los líquenes abren nuevas perspectivas para investigaciones farmacéuticas y estudios moleculares empleando productos liquénicos (Stocker-Wörgötter, 2002). Por su naturaleza simbiótica y longevidad, los líquenes presentan una alta sensibilidad a la contaminación atmosférica y a las perturbaciones del entorno, lo cual permite su uso como bioindicadores (Rose, 1988; Wolseley *et al*., 1994; Kuusinen, 1996b; Wolseley y Aguirre-Hudson,1997a; Uliczka y Angelstam, 1999,

2000; Hedenås y Ericson, 2000; McCune, 2000; Asta *et al.*, 2002; Bergamini *et al.*, 2005; Nascimbene *et al.*, 2010b; Das *et al.*, 2011; Benítez *et al.*, 2012; Brunialti *et al.*, 2012).

La aplicación de los modelos nulos para la detección de patrones de coexistencia y de anidamiento en matrices de presencia-ausencia de especies han tomado relevancia en los estudios de ecología de comunidades (Gotelli, 2000; Ulrich *et al.*, 2009). Sin embargo, los trabajos que reflejen la evaluación integral de estos patrones y los factores ambientales que los condicionan son escasos (Nascimbene *et al.*, 2013). Los patrones de coexistencia de líquenes en bosques extratropicales reflejan tanto distribuciones no aleatorias como distribuciones totalmente al azar (Maestre *et al.*, 2008, 2010; Belinchón *et al.*, 2012; Svensson *et al.*, 2013).

Entre las propiedades de la corteza, la textura, la capacidad de retención de agua y la composición química son las más importantes en la distribución de los líquenes. La rugosidad, la dureza y la estabilidad relativa de la corteza son los rasgos físicos relacionados con la textura que más influyen en dicha distribución. Por otro lado, el porcentaje de humedad (cantidad de agua) de la corteza, tiene dos elementos a considerar: primero, la humedad procedente de la actividad metabólica del árbol y segundo, la humedad resultante del ambiente externo a través de la lluvia, la niebla y el rocío. La química de la corteza se refiere a sus propiedades de pH, contenido de cenizas, concentración de minerales y metabolitos secundarios producidos por la planta que sirve de soporte (Brodo, 1973). La baja especificidad liquen-forófito encontrada en diferentes tipos de bosques ha realzado la importancia de las condiciones física y químicas del hábitat en la distribución de las especies (Joshi *et al.*, 2016).

Estudios ecológicos han demostrado que las epífitas no están distribuidas de manera aleatoria sobre el árbol, sino que responden a una pronunciada estratificación vertical (Benzing, 1990). La distribución de los líquenes sobre el forófito puede estar influida por las condiciones de humedad, luz y temperatura (Wolseley y Aguirre-Hudson, 1997b; Gradstein *et al.*, 2003; Li *et al.*, 2015). Además, intervienen factores de la arquitectura del forófito como la altura del árbol, el ancho de la copa y el diámetro del tronco y las ramas (Wolf, 1994; Zotz, 2007).

La cantidad de luz que recibe el liquen es un factor esencial en la distribución de las especies (Lakatos *et al.*, 2006). En los bosques, el dosel que forma el estrato arbóreo es la barrera física que regula la cantidad de luz que filtra a los estratos inferiores. Por otro lado, la exposición cardinal de la ladera está relacionada con los niveles de radiación solar que inciden en la superficie. De manera que la cobertura del dosel y la exposición cardinal de la ladera influyen directamente sobre la distribución espacial de los líquenes (Burgaz *et al.*, 1994a; Caldiz, 2005).

La influencia de las condiciones y recursos del ambiente sobre la diversidad y patrones de coexistencia de líquenes corticícolas ha sido investigada en bosques boreales, templados y tropicales continentales (Adams y Risser, 1971; Jones, 1980; Esseen, 1981; Cornelissen y ter Steege, 1989; Schmitt y Slack, 1990; Hamada *et al.*, 1995; Loppi y Frati, 2004; Peck *et al.*, 2004; Armstrong y Welch, 2007; Maestre *et al.*, 2010; Soto *et al.*, 2012, Ecaterina, 2015). Esos resultados no pueden ser extrapolados a los bosques lluviosos montanos del Caribe insular debido a que estos presentan características microclimáticas, estructurales y funcionales particulares que los diferencian de los ecosistemas antes mencionados.

Estos antecedentes permiten proponer la siguiente hipótesis: las características físicas y químicas del sustrato, la arquitectura del forófito, la exposición cardinal de la ladera y la cobertura del dosel determinan la diversidad, los patrones de coexistencia y distribución espacial de líquenes corticícolas en la pluvisilva montana de la Gran Piedra, Santiago de Cuba. El presente trabajo tiene como objetivos:

- Caracterizar la diversidad y los patrones de coexistencia de líquenes corticícolas en la pluvisilva montana de la Gran Piedra.
- Caracterizar la distribución de los líquenes en relación con el área del tronco, la rugosidad, el porcentaje de humedad, las propiedades químicas de la corteza (contenido de cenizas, concentración de minerales, pH y concentración de fenoles), la exposición cardinal de la ladera y la cobertura del dosel en dicha formación vegetal. Así como, evaluar el grado de asociación especie de liquen-especie de forófito.
- Caracterizar la distribución de los líquenes sobre los forófitos en un gradiente vertical de altura desde la base del árbol hasta las ramas superiores y en relación con la arquitectura del forófito en la pluvisilva montana de la Gran Piedra.

En el trabajo se evalúa de manera integral la diversidad beta y los patrones de coexistencia de ensambles de líquenes, por primera vez para las especies del neotrópico. Además, se propone un nuevo esquema de zonación vertical que combina la altura sobre el forófito y el diámetro de las ramas para el estudio de la distribución vertical de líquenes corticícolas.

La investigación contribuye a la actualización de la taxonomía, la sistemática y la ecología de los líquenes en el Caribe insular. Las metodologías para la determinación de los factores ecológicos que influyen en la distribución de los líquenes corticícolas pueden ser utilizadas por técnicos e investigadores para el estudio de la ecología de otras epífitas. La información obtenida en relación con los nuevos registros de especies, los patrones de coexistencia, la asociación liquen-forófito y la distribución espacial de los líquenes puede ser utilizada en el manejo y conservación de la diversidad de líquenes; así como, en predicciones sobre la evolución de los ensambles de líquenes ante los efectos del cambio climático o de perturbaciones naturales y antrópicas.

I. Revisión Bibliográfica

I.1 Morfogénesis de los líquenes. Integración morfológica y fisiológica de la simbiosis

Un aspecto relevante de la biología de los líquenes es el impacto del fotobionte en la expresión del fenotipo simbiótico del micobionte. Durante la morfogénesis del liquen, el hongo exhibe un alto grado de especificidad en la adquisición del fotobionte compatible. El primer paso en la ontogenia es la formación de hifas libres a partir de ascosporas o conidios, las cuales en contacto con el fotobionte compatible o uno incompatible pueden formar un pre-talo. El estado de pre-talo con asociaciones incompatibles no se desarrollará para formar un talo estratificado a menos que el hongo encuentre células del fotobionte compatible. Aproximadamente, el 85 % de los hongos formadores de líquenes están asociados con algas verdes y el 10 % con cianobacterias. El resto de los hongos que liquenizan se unen simultáneamente con ambos tipos de fotobiontes, a lo cual se le denomina cefalodio (Honegger, 1996).

La estabilidad de la simbiosis requiere una sólida integración morfológica. El contacto físico entre los simbiontes se lleva a cabo mediante el recubrimiento de las células del fotobionte por parte de las hifas del hongo o por la producción de haustorios en estos últimos. Los líquenes con talos pobremente desarrollados poseen haustorios intracelulares, mientras que los líquenes con talos estratificados los presentan, generalmente, intramembranosos (Chaparro y Aguirre, 2002).

La persistencia de la simbiosis liquénica requiere también de una fuerte integración fisiológica. El micobionte es heterotrófico por lo que deriva su nutrición del fotobionte. El flujo de carbohidratos hacia el hongo se compone de polioles en el caso de las algas verde y glucosa en las cianobacterias (Büdel *et al.*, 2013). Cuando el fotobionte presente en el talo es una cianobacteria, esta suministra sustancias nitrogenadas al micobionte (Brodo *et al.*, 2001).

Los líquenes son poikilohídricos, por lo cual varían su estado de hidratación de acuerdo con las condiciones de humedad que les rodean. La alta absorción de agua que experimentan puede conducir a un estado de hidratación del talo de hasta el 400 % en líquenes con algas verdes y hasta el 2000 % en cianolíquenes (Purvis, 2000). De los 630 metabolitos secundarios conocidos para los líquenes, la mayoría son exclusivos del hongo en estado simbiótico y no en vida libre. Estos compuestos, usualmente insolubles en agua, están depositados en la superficie de las hifas y pueden ser extraídos con solventes orgánicos (Elix, 1996).

I.2 Diversidad y ecología de líquenes corticícolas en bosques extra-tropicales

Los líquenes tienen ciertas tolerancias y requerimientos climáticos, lo cual constituye la base para su establecimiento en las principales biocenosis. No obstante, las especies pueden estar presentes en más de una zona climática como resultado de la amplitud ecológica que experimentan o de circunstancias históricas especiales (Barbour y Billings, 1988).

En el ambiente ártico predominan especies de los géneros *Vulpicida* J.E. Mattsson & M.J. Lai, *Dactylina* Nyl. y *Alectoria* Ach. En los bosques boreales prevalecen las especies de los géneros *Bryoria* Brodo & D. Hawksw, *Stereocaulon* (Schreb.) Schrad. y *Melaniella* R.

Bauer, Vánky, Begerow & Oberw. En ellos, los líquenes suelen cubrir todo el suelo de las áreas sin cobertura arbórea (Gowan, 1983).

En los bosques templados predominan especies de los géneros *Anaptychia* Körb, *Allocetraria* Kurok. & M.J. Lai, *Lobaria* (Schreb.) Hoffm., *Rinodina* (Ach.) Gray y *Punctelia* Krog (Brodo *et al.*, 2001). La biota liquénica en los bosques mediterráneos está integrada por especies de amplia distribución, con la presencia de muy pocos endemismos, solo algunos géneros como *Cetraria* Ach., tienen áreas con distribución restringida (Aragón *et al.*, 2001).

Los estudios de ecología de líquenes en los ecosistemas mencionados han comprobado la influencia de las características del sustrato y de variables microclimáticas en la distribución de las especies. En cuanto a los factores del sustrato, se ha encontrado que la riqueza de especies aumenta en relación con la acidez y rugosidad de la corteza, edad de los forófitos y el diámetro de los troncos (Burgaz *et al.*, 1994a, b; Kuusinen, 1996a; Uliczka y Angelstam, 1999; Kantvilas y Jarman, 2004; Amo de Paz y Burgaz, 2009).

Las laderas con exposición cardinal norte y elevada humedad relativa favorecen la riqueza y frecuencia de líquenes en estos bosques (Caldiz, 2005; Jovan y McCune, 2004; Werth *et al.*, 2005; Belinchón *et al.*, 2007). La composición de líquenes varía desde el nivel del suelo hasta la copa del árbol y la riqueza de especies aumenta hacia las ramas superiores (Hinds, 1970; Eversman *et al.*, 1987; Fanning *et al.*, 2007).

I.3 Diversidad y ecología de líquenes corticícolas en bosques tropicales

En la zona tropical se encuentran diversos tipos de formaciones vegetales, entre ellas los bosques tropicales. Estos, a su vez, se clasifican en dependencia de sus características fisionómicas y funcionales (Claro Valdés, 1985).

Los estudios de líquenes corticícolas en gradientes de vegetación en los bosques tropicales han contribuido al entendimiento de los patrones de distribución de las especies en el neotrópico (Cornelissen y Gradstein, 1990; Lücking, 1995; Cáceres *et al.*, 2008; Wolf, 1993). Otros trabajos se han dirigido a comprobar la influencia de la estructura de la vegetación y los estadios sucesionales de una formación vegetal sobre la diversidad de líquenes (Holz y Gradstein, 2005; Pérez *et al.*, 2008).

La mayoría de las especies de líquenes corticícolas en los bosques tropicales son del biotipo crustáceo (Fig. 1). Sin embargo, los más conspicuos y mejor reconocidos en el campo son las especies con biotipos foliáceo y fruticuloso, referidos como macrolíquenes (Sipman, 1996). Otras formas de crecimiento son los biotipos filamentoso y escuamuloso (Fig. 1).

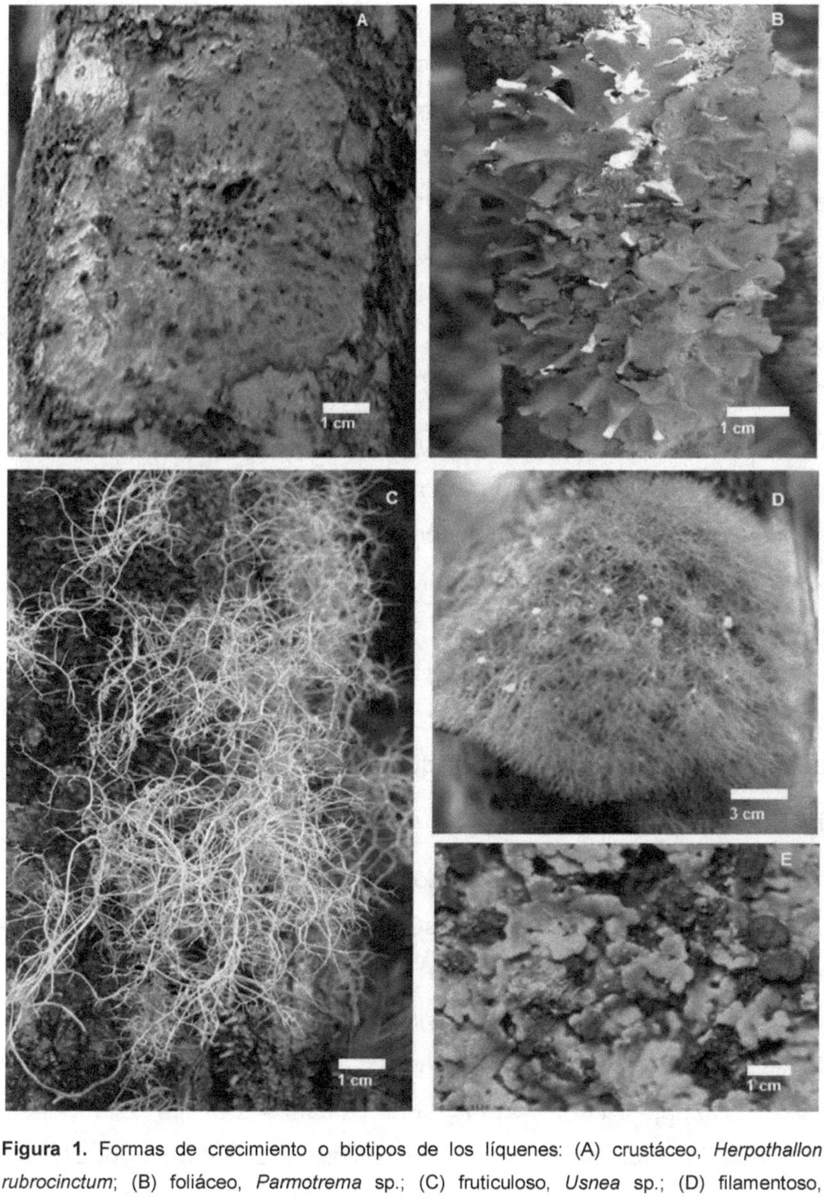

Figura 1. Formas de crecimiento o biotipos de los líquenes: (A) crustáceo, *Herpothallon rubrocinctum*; (B) foliáceo, *Parmotrema* sp.; (C) fruticuloso, *Usnea* sp.; (D) filamentoso, *Coenogonium* sp; (E) escuamuloso, *Phyllopsora parvifolia*.

Cornelissen y ter Steege (1989) fueron los primeros en estudiar los líquenes epífitos a lo largo de un gradiente vertical sobre los árboles en un bosque montano y en usar el término "efecto del dosel". El mismo se refiere a la similitud que debe existir en la composición de especies entre el dosel y el borde del bosque. En un gradiente vertical sobre los forófitos varían no solo la composición, riqueza y frecuencia de especies sino también las formas de crecimiento y las estrategias reproductivas de las especies (Montfoort y Ek, 1990; Komposch y Hafellner, 2000, 2002; Mandl *et al.*, 2010).

El diámetro del tronco, la estructura de la corteza, el pH y el porcentaje de humedad de la corteza son los factores del sustrato relacionados con la distribución espacial de las especies de líquenes en los bosques tropicales continentales (Wolseley y Aguirre-Hudson, 1997b; Soto *et al.*, 2012). Por otro lado, el efecto de la dispersión altamente estocástica de las diásporas constituye un factor esencial en la estructuración de los ensambles y determina la baja especificidad liquen-forófito (Cáceres *et al.*, 2007).

I.4 Diversidad y ecología de líquenes corticícolas en Cuba

Los estudios sobre la diversidad de líquenes en Cuba han sido escasos. Los primeros trabajos se iniciaron en la primera mitad del siglo XIX y se extendieron al siglo XX, aunque de manera discontinua (Montagne, 1845; Nylander, 1862, 1866, 1876a, b, c, d; Müller, 1894; Vainio, 1896; Bouly de Lesdain, 1921, 1934; Riddle, 1923; Vězda, 1984). Actualmente, muchos de los ejemplares recolectados por estos investigadores se encuentran depositados fundamentalmente en los herbarios del Instituto de Ecología y Sistemática de La Habana (HAC) y del Jardín Botánico de Nueva

York (NY). Estas especies han sido referenciadas en trabajos taxonómicos de géneros como *Phyllopsora* Müll. Arg., *Psoroglaena* Müll. Arg, *Lecanora* Ach., *Calicium* Pers. y *Haematomma* A. Massal. (Brako, 1991; Eriksson, 1992; Tibell, 1996; Gunderley, 1999; Brodo *et al.*, 2008).

Un importante trabajo de recopilación bibliográfica y registro de líquenes lo constituye "La flora liquénica de Cuba" (Pluntke, 1984), donde se refieren 1 024 especies. El número de taxones registrados para Cuba alcanzó su valor máximo (1400 especies) en el libro "Hongos del Caribe" (Minter *et al.*, 2001). En dicha compilación se ofrece, además, el área de distribución de las especies en el Caribe.

La familia mejor estudiada en Cuba ha sido *Cladoniaceae*. Vězda y Samek (1972) describen las cladoniáceas de los pinares en el norte de la región oriental, registrando 11 especies para el área muestreada. Otro trabajo enfocado en esta familia fue llevado a cabo por Iglesias (2000), donde se profundiza en la química de los metabolitos secundarios presentes. Burgaz y Ahti (2003) realizan un estudio biogeográfico sobre las cladoniáceas de Cuba, encontrando que la Sierra Maestra y Cuba Occidental poseen la mayor originalidad, con seis y ocho especies exclusivas, respectivamente.

I.5 Diversidades gamma, alfa y beta de especies

Los términos diversidad alfa, beta y gamma fueron acuñados por Robert Whittaker en 1960, al estudiar la variación de la riqueza de especies en un gradiente de vegetación desde la costa hacia el interior del continente. Según este autor, la diversidad gamma es la diversidad de especies de un número de muestras o de comunidades para algún grupo de ambientes, los cuales están de tal forma combinados que su valor es el resultado tanto del promedio de las diversidades alfa como de la diversidad beta de estas muestras.

I.5.1 Diversidad alfa y curvas de acumulación de especies

La diversidad alfa es la riqueza en especies de un sitio o comunidad particular, o de un estrato dado o grupo de organismos de un sitio (Whittaker, 1960). Un enfoque conceptual para interpretar la riqueza de especies de un lugar dado es considerar esta riqueza como resultado de la interacción entre extinciones locales y eventos de colonización y recolonización (Halffter y Moreno, 2005). El número de especies es, probablemente, el atributo más utilizado para describir una comunidad, por lo que estimar la riqueza máxima es vital en estudios sobre biodiversidad (Magurran, 2004).

Las curvas de acumulación de especies constituyen un método apropiado para la valoración de la calidad de los inventarios biológicos. Colwell *et al.* (2004) la definen como la gráfica del número de especies observadas como función de alguna medida del esfuerzo de muestreo requerido para observarlas. Moreno (2001) clasifica las curvas de acumulación de especies en dos grupos: funciones de acumulación y métodos no paramétricos.

Entre las funciones de acumulación de especies se encuentran la función logarítmica, la exponencial y la de Clench. Las mismas están basadas en un modelo adecuado de los métodos de colecta y permiten la predicción de la riqueza específica (máxima o para un esfuerzo de muestreo definido). Otra aplicación es en la planificación del trabajo de campo, porque permiten conocer el esfuerzo de muestreo requerido para añadir un determinado número o porcentaje de especies a la muestra. La ecuación de Clench ha demostrado un buen ajuste en la mayoría de las situaciones reales y para la mayoría de los taxones (Jiménez-Valverde y Hortal, 2003). Dicho modelo está recomendado para estudios en sitios con áreas extensas y para protocolos en los que mientras más tiempo se invierte en el muestreo, mayor es la probabilidad de añadir nuevas especies al inventario (Soberón y Llorente, 1993).

Los estimadores no paramétricos no asumen el tipo de distribución del conjunto de datos, no los ajustan a un modelo determinado y requieren solamente datos de presencia-ausencia (Colwell y Coddington, 1994). Estos emplean algoritmos bajo el supuesto de que cuantas más especies raras haya, mayor será el número de especies que quedan por aparecer. Una condición es que la probabilidad de encontrarlas debe mantenerse constante en el tiempo (Chao *et al.*, 2009).

Entre los estimadores no paramétricos se encuentra Chao 2 (Chao *et al.*, 2005), basado en la abundancia o la incidencia de las especies y es recomendado para muestras pequeñas (Moreno, 2001). Otro método no paramétrico es Jacknife I, el cual se fundamenta en el número de especies que ocurren solamente en una muestra. Este permite reducir la subestimación del verdadero número de especies en una comunidad con base en el número representado en una muestra. La técnica de *Bootstrap* es un estimador de la riqueza de especies que tiene en cuenta la proporción de unidades de muestreo que contienen a cada especie (Palmer, 1990). Este último es menos preciso que los anteriores

(Colwell y Coddington, 1994). González–Oreja *et al.* (2010) recomiendan el método de Jackknife I por presentar valores de exactitud global por encima del 95%.

I.5.2 Diversidad beta

La diversidad beta fue definida por Whittaker (1960) como la magnitud del cambio en la composición de las comunidades o el grado de diferenciación entre comunidades, en relación con un gradiente ambiental complejo o a patrones ambientales. Según Koleff (2005), la diversidad beta ha sido asociada con conceptos como: recambio espacial, distancia ecológica, función del cambio de hábitat, recambio a través de gradientes y tasa de recambio de especies. Interpretada como la variación en las identidades de las especies entre dos sitios, la diversidad beta provee un vínculo directo entre la biodiversidad a escala local (alfa) y a escala regional (gamma) (Jost, 2007). Las dos formas más comunes de calcular la diversidad beta son a través de las fórmulas clásicas de cálculo (índices de diversidad beta) y los análisis multivariados basados en las disimilitudes o distancias entre pares de muestras. En ambos casos es crucial seleccionar entre las medidas que usan las identidades de las especies solamente y las que tienen en cuenta la abundancia de los individuos; cada una enfatiza un aspecto diferente de la comunidad (Anderson *et al.*, 2006).

Anderson *et al.* (2011) distinguen dos tipos de diversidad beta: recambio de especies y variación. En la primera noción esta mide el cambio en la estructura de la comunidad de una muestra a otra en un gradiente espacial, temporal o ambiental. La variación se refiere al cambio en la estructura de la comunidad dentro de un rango espacial, temporal o ambiental, sin que exista direccionalidad entre las muestras. Independientemente del sentido en el que se analice la diversidad beta, dos procesos distintos contribuyen a las disimilitudes entre los ensambles: la sustitución de especies (recambio de especies) y la ganancia o pérdida de especies (diferencias en riqueza de especies). Carvalho *et al.* (2012), consideran el anidamiento un caso especial de diferencias en riqueza de especies entre dos ensambles.

El anidamiento ocurre cuando la biota de un sitio de menor riqueza específica es un subgrupo de la biota de un sitio mucho más rico en especies (Baselga, 2010). Los conjuntos anidados fueron atribuidos a tasas diferenciales de extinción y colonización (Ulrich *et al.*, 2009). Sin embargo, diversos fenómenos determinísticos o estocásticos pueden llevar a la formación de un sistema anidado, por ejemplo, el muestreo pasivo, el aislamiento y el anidamiento del hábitat (Calderón-Patrón *et al.*, 2012). La primera medida para cuantificar el anidamiento fue introducida por Atmar y Patterson (1993) a través del coeficiente NTC (*Nestedness Temperature Calculator*). Otra medida es el coeficiente NODF (*Nestedness based on Overlap and Decreasing Fill*) (Almeida-Neto *et al.*, 2008), el cual permite discriminar la contribución de las identidades de las especies o las condiciones del hábitat al patrón general de anidamiento. Ulrich (2008) propuso un método de cálculo de la temperatura de la matriz a través del programa *Nestedness*. Este último tiene como ventaja que no usa la isóclina que divide el área de la matriz llena de la vacía, por tanto no elimina filas y columnas.

Para explorar las relaciones entre la estructura de los ensambles y los factores ambientales, Anderson *et al.* (2011) sugieren los métodos de ordenación. El análisis de Escalado Multidimensional No Métrico (NMS) se basa en las disimilitudes entre las muestras de las matrices y si estas son biológicamente relevantes, la interpretación se realiza en términos de similitudes relativas. De las condiciones impuestas por los rangos de similitudes y disimilitudes de las matrices deriva un mapa o configuración de las muestras en un número de dimensiones especificadas (Clark y Warwick, 2001). Según McCune y Mefford (1999), el NMS es un método de ordenación adecuado para factores de diseños con niveles arbitrarios. Este método de ordenación ha sido ampliamente utilizado en estudios de ecología de líquenes (Wolf, 1994,1995; Cáceres *et al.*, 2007; Soto *et al.*, 2012)

El Análisis de Correspondencia Canónica (CCA) es otro método utilizado para determinar las disimilitudes entre las muestras. Este puede ser utilizado para el estudio de la estructura de la comunidad en relación con variables ambientales continuas. Dicho análisis se basa en la búsqueda de una estructura en la primera matriz por regresión múltiple con las variables de la segunda matriz, por lo cual muestra la efectividad de un factor para estructurar la comunidad bajo la asunción de que han sido considerados todos los factores que podrían tener significación biológica (ter Braak, 1986; McCune y Mefford, 1999). Este método es especialmente adecuado para matrices de datos con numerosas especies raras.

I.6 Análisis de coexistencia

Para determinar la existencia de mecanismos moduladores de la estructura de las comunidades se introdujeron los modelos nulos (Gotelli y Graves, 1996). Un modelo nulo es un generador de patrones basado en la aleatorización de los datos ecológicos de un muestreo aleatorio, desde una distribución conocida a una totalmente al azar. Ciertos elementos de los datos permanecen constantes y otros varían estocásticamente para crear nuevos patrones en el ensamble. La aleatorización está diseñada para producir un patrón que podría ser esperado en ausencia de un mecanismo ecológico particular. Según Pitta *et al.* (2012), los patrones de coexistencia aleatorios prevalecen en la mayoría de las comunidades, solo pocas matrices exhiben desviaciones significativas de los patrones aleatorios.

Uno de los índices empleados en el análisis de los modelos de coexistencia es el Puntaje C (Stone y Robert, 1990). Este mide el número promedio de parejas tablero (distribución 1/0-0/1) entre todos los posibles pares de especies, lo cual se traduce como la tendencia de dos especies a no coexistir. A partir de su valor se puede determinar el grado de segregación o agregación de las especies, lo que permite distinguir entre procesos de competencia o facilitación, respectivamente. El número de parejas de especies tablero (distribución 1/0-0/1) y el número de combinaciones de especies también constituyen índices empleados en la detección de patrones de coexistencia (Gotelli, 2000). En una comunidad donde el patrón de coexistencia sea no aleatorio el resultado de los índices Puntaje C y número de parejas de especies tablero debe ser significativamente mayor que el obtenido por la simulación aleatoria de los datos.

Las reglas de ensamblaje establecidas por Diamond (1975), enfatizan la importancia de las interacciones competitivas para estructurar una comunidad con patrones de coexistencia no aleatorios. Keddy (2001), define la competencia como el efecto negativo que ejerce un organismo sobre otro por el consumo o el control de acceso a un recurso que es limitado en su disponibilidad. Según Armstrong (1986), la competencia es más probable en comunidades complejas, donde múltiples especies coexisten; las especies generalistas no pueden ocupar todos los sitios simultáneamente, por lo que el desplazamiento local no es permanente. Según Begon *et al.* (2006) para que los competidores potenciales coexistan en una comunidad, esta debe mostrar al menos diferenciación de nichos. El efecto de la competencia en ensambles de líquenes conduce a distribuciones no aleatorias de los individuos y cambios en la estructura de la comunidad en una vecindad inmediata (Armstrong y Welch, 2007).

I.7 Metodologías para el estudio de la diversidad de líquenes y su relación con los factores abióticos

La identificación de los líquenes se basa en caracteres morfológicos y en la composición de los metabolitos secundarios presentes en el talo. Para incorporar datos filogenéticos en el reconocimiento de especies debe ser tomado en cuenta el concepto filogenético de especie. Según este concepto, miembros de una población deben formar un grupo monofilético en el dendrograma y compartir caracteres morfológicos diagnósticos que los califiquen como una especie (O´Brien *et al.*, 2009, Papong *et al.,* 2009). Uno de los locus más utilizados en estos análisis es la región ITS, el cual es un espaciador en el ADN ribosomal nuclear (Pino-Bodas *et al.*, 2010, Zhang *et al.*, 2015). Dicha región es altamente similar en grupos monofiléticos, por lo que es útil en la detección de sinapomorfías moleculares (Miadlikowska *et al.*, 2003). Otros genes usados en estudios filogenéticos para el reconocimiento de especies de líquenes son el rpb 2 (la subunidad mayor del ARN polimerasa II), el locus para la β-tubulina y cox I.

La mayoría de los inventarios sobre líquenes presentan en su metodología un muestreo desde el suelo hasta los 2 m sobre el tronco (Kuusinen, 1996a; Uliczka y Angelstam, 1999; Hedenås y Ericson, 2000; Gradstein et al., 2003; Kantvilas y Jarman, 2004; Werth et al., 2005). Teniendo en cuenta los factores ecológicos que influyen en la distribución de los líquenes se exponen las metodologías utilizadas para el estudio de estos factores.

I.7.1 Área del tronco

Font Quer (1970) define el tronco como tallo grueso y macizo de los árboles y arbustos, ascendiente común de dos o más ramas. Los trabajos sobre los líquenes corticícolas que se desarrollan en la zona del tronco, generalmente, toman como datos el diámetro o el perímetro. Estos son medidos a la altura del pecho (DAP) que de manera estandarizada se ubica a los 1,30 m de altura (Kuusinen, 1996a). El cálculo del área del tronco en trabajos de ecología de líquenes no ha sido referenciado anteriormente.

I.7.2 Rugosidad de la corteza

Gradstein *et al.* (1996, 2003) proponen metodologías para estandarizar los inventarios y estudios ecológicos en plantas epífitas vasculares, no vasculares y líquenes en bosques tropicales. Sin embargo, en ninguno de los trabajos se describe un método cuantitativo para medir la rugosidad de la corteza. Cáceres *et al.* (2007) emplearon un método cualitativo para el estudio de la relación entre la diversidad de líquenes y la rugosidad de la corteza. Estos autores establecen cuatro categorías de corteza: completamente lisa, irregular con subestructuras menores de 1 cm, de irregular a esculturada con subestructuras de 1 a 3 cm y rugosamente esculturada con subestructuras mayores de 3 cm.

La necesidad de desarrollar métodos cuantitativos para el cálculo de superficies muy irregulares ha conllevado a la aplicación de la geometría de fractales en la ecología. Las dimensiones fractales son usadas en el cálculo de la rugosidad de curvas y superficies. Mientras más rugosa sea la estructura, mayor es la dimensión fractal, valor que oscila entre 1 y 2. El cálculo de las dimensiones fractales de una curva se realiza por la fórmula siguiente: R= L/Lp, donde R: rugosidad, L: longitud de la curva, Lp: longitud de sus proyecciones en una línea horizontal (Stoyan y Stoyan, 1994).

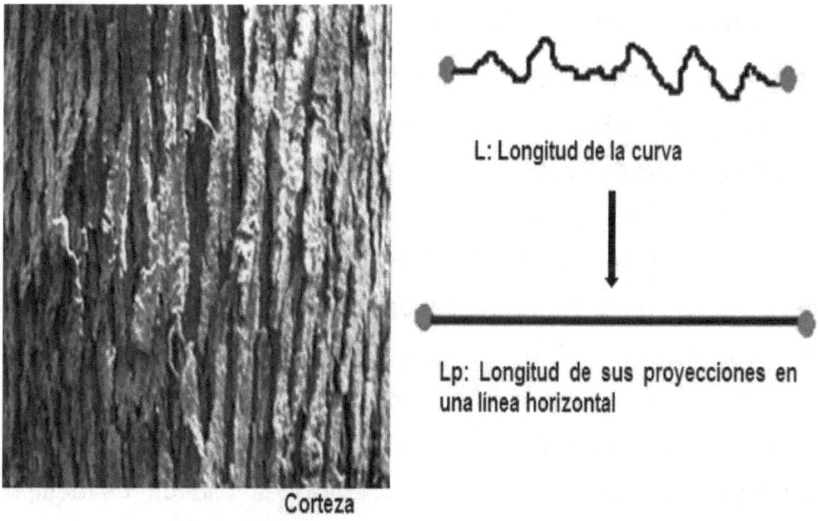

Figura 2. Esquema del basamento teórico del cálculo de fractales aplicado al cálculo de la rugosidad de la corteza.

I.7.3 Porcentaje de humedad de la corteza

Según Evert (2006) la peridermis está compuesta por: súber, felógeno o *cambium* suberógeno y felodermis o parénquima cortical. Los trabajos que analizan la química de la corteza se refieren a lo que en anatomía corresponde a la peridermis. Brodo (1973) propone, para el cálculo del porcentaje de humedad de la corteza, la saturación de las muestras de corteza en el laboratorio y posteriormente llevarla a peso seco constante. Luego se calcula la capacidad total de retención de agua por unidad de peso seco. Sin embargo, Cáceres *et al.* (2007) realizan la determinación a la inversa, la corteza se seca durante 5 h y luego ponen gotas de agua destilada sobre la superficie para cuantificar la cantidad de agua absorbida.

I.7.4 Concentración del ión hidrógeno (pH)

De todos los aspectos del sustrato, el efecto de la concentración del ión hidrógeno o pH es el más estudiado y discutido (Ellis, 2008). El aumento del pH de la corteza se haya directamente relacionado con el aumento de la riqueza de especies (Fritz y Brunet, 2010; Fritz y Heilmann-Clausen, 2010). El pH de la corteza es medido frecuentemente en la maceración de muestras de corteza con agua destilada (Brodo, 1973). Se han empleado otros métodos, por ejemplo, Wolseley y Aguirre-Hudson (1997b) usan KCl al 10 % para humedecer las muestras de corteza. Luego lavan estas muestras con agua destilada; realizan tres mediciones usando un equipo (Jenway Model pH meter 3050) con un electrodo de cabeza plana PCP 506. Cáceres *et al.* (2007) efectúan las lecturas directamente en el campo con el equipo ECOSCAN field pH-meter, en el cual el electrodo penetra directamente en la corteza. Kuusinen (1996a), agrupa a las especies de árboles con pH entre 4 y 5 en una categoría y mayor de 5 en otra. Kantvilas y Jarman (2004) consideran una categoría cuando el pH es menor de 5 y la otra mayor de 5.

I.7.5 Concentración de minerales inorgánicos y contenido de cenizas

Los minerales inorgánicos presentes en la superficie del sustrato tienen gran significación en la distribución de los líquenes (Brodo, 1973). La mayoría de estos minerales proceden de los tejidos de la corteza y algunos provienen de los estratos superiores, arrastrados por el agua que escurre desde las hojas y ramas hacia la base del tronco. La concentración total de electrolitos se expresa como el contenido de cenizas de la corteza. Barkman (1958) planteó un principio sobre la relación que existe entre la concentración total de electrolitos y la vegetación epifítica, la cual se halla favorecida por el aumento de este parámetro.

I.7.6 Concentración de fenoles

Las plantas reaccionan a la infección por hongos, bacterias y virus con una amplia gama de respuestas de defensa, en un intento por restringir o prevenir el crecimiento del patógeno (Piñol y Palazón, 1993; García-Mateos y Pérez-Leal, 2003; Camarena-Gutiérrez, 2006). Los compuestos fenólicos constituyen uno de los grupos de productos de defensa más importantes en las plantas. Algunos tipos de fenoles están implicados en las interacciones planta-hongo como agentes tóxicos constituyentes de las superficies de las hojas o como fungitoxinas inducidas (fitoalexinas) formadas por la planta en el lugar de la infección. La biosíntesis de estos compuestos suele estar limitada, además, a estados específicos del desarrollo de la planta y asociada a períodos de estrés nutricional (Piñol y Palazón, 1993).

El efecto de las especies de líquenes que penetran la corteza de los árboles, fue demostrado por Estévez y Orus (1981) en bosques mediterráneos. Monso (1989) plantean que se produce una liberación de sustancias de las especies de líquenes ligado al proceso de penetración de la corteza por parte de la masa de hifas, causando la caída de las hojas. Laufer (2006), encontró que la secreción de lacasa por la especie *Pseudocyphellaria aurata* (Ach.) Vain. facilita la penetración de las hifas al sustrato. La producción de β-1,4-glucanasa y poligalacturonasa por *Evernia prunastri* (L.)

Ach. conduce a la descomposición enzimática de la celulosa y de la pectina en los robles, lo cual ha sido correlacionado con la defoliación y la disminución de la vitalidad de estos árboles (Favero-Longo y Piervittori, 2010).

El efecto de sustancias de defensa producidas por los forófitos sobre las comunidades de líquenes corticícolas ha sido escasamente estudiado. Koopmann (2005) estudió el efecto alelopático de los fenoles de la corteza sobre la riqueza y cobertura de líquenes epífitos. Esta autora encontró un incremento en la diversidad de líquenes relacionada con la disminución de la concentración de fenoles totales de la corteza. Además, la disminución de la concentración de fenoles de la corteza estuvo inversamente relacionada con la edad del árbol, la rugosidad de la corteza y los valores de precipitaciones medias anuales. De igual forma, Koopmann *et al.* (2007) determinaron el efecto *in vitro* de compuestos fenólicos sobre la germinación y crecimiento de ascosporas y soredios. En dicho trabajo, comprobaron la inhibición de la tasa de crecimiento de soredios (propágulos vegetativos) bajo el efecto de fenoles de la corteza como: tremulacina, ácido salicílico, ácido benzoico y catecol. Tegelberg y Julkunen-Tiitto (2001), encontraron que los taninos, incluidos entre los compuestos fenólicos, no tiene un efecto significativo sobre la flora epifítica. Igualmente, Irzhigitova y Korchikov (2011) hallaron que el establecimiento y desarrollo de los líquenes es indiferente a los compuestos fenólicos presentes en la corteza de *Quercus robur* L., *Betula pendula* Roth, *Populus tremula* L., *Pinus sylvestris* L. y *Acer platanoides* L.

I.7.7 Especificidad liquen-forófito

La distribución de los líquenes puede ser estudiada de dos formas: verticalmente, desde la base hasta el dosel y horizontalmente, a través de las relaciones liquen-forófito. Concerniente a esta última perspectiva, Smith (1982) sugiere que la preferencia de las epífitas por una especie de forófito en particular es común en los bosques tropicales. En correspondencia con lo anterior, Cornelissen y ter Steege (1989) encontraron preferencia por una especie de forófito en el 35 % de las especies de macrolíquenes muestreadas en un bosque tropical en Guyana. Este hallazgo se relacionó con las propiedades químicas de la corteza de dicho forófito y no con la textura. De igual forma, Joshi *et al.* (2016) hallaron especificidad liquen-forófito en 19 especies (43 %) en un bosque tropical de la India, aunque no profundizaron en las causas de dicho resultado. Sin embargo, en un bosque lluvioso montano brasileño, Cáceres *et al.* (2007) no encontraron preferencia de los líquenes por una especie de forófito, sino que estuvieron relacionados con las características de la corteza y las condiciones del microclima. Asimismo, Soto *et al.* (2012) encontraron baja especificidad liquen-forófito en un bosque premontano en Colombia, solo en tres especies de líquenes (8 %).

Según Brodo (1973) la respuesta de una especie de liquen a un sustrato potencial dependerá de sus requerimientos y tolerancias, los cuales pueden cambiar bajo determinadas circunstancias. Este autor sugiere el uso del término preferencia en lugar de especificidad y los ejemplos de especies que muestran preferencia por un sustrato son numerosos. Un factor puede ser limitante para el crecimiento, pero no para la colonización (Harris, 1971). La preferencia de los líquenes hacia ciertos tipos de sustratos (corteza, rocas, suelo) es de considerable relevancia en la probabilidad de que dos o más especies coincidan en el ensamble, especialmente en ecosistemas altamente diversos como los bosques tropicales.

Otros conceptos relacionados con la ocupación de hábitats específicos son los de especies generalistas y especialistas. Burns y Zotz (2010) hacen un análisis de redes de interacciones epífitas-forófitos y definen a las especialistas como aquellas que tienen menos presencia de la esperada, atendiendo a la diversidad de hábitats existentes. Kuusinen (1996a), considera especies especialistas a aquellas que están confinadas a un hábitat específico, por ejemplo, una especie de árbol.

Los estudios de especificidad liquen-forófito son importantes tanto desde el punto de vista ecológico como conservacionista. Desde una perspectiva ecológica, muestran una visión sobre las estrategias de dispersión y establecimiento de las especies. Si la especificidad está presente, estas especies requerirán de mecanismos de dispersión altamente precisos, debido a la elevada diversidad de forófitos presentes en los bosques tropicales. Si la dispersión es estocástica, llevada a cabo por agentes abióticos como el agua y el viento, se podría esperar una baja especificidad liquen-forófito.

Una elevada especificidad afectaría la diversidad de líquenes si ocurriese la degradación del bosque producto de la actividad antrópica o de desastres naturales. La reducción de la diversidad de especies de árboles como consecuencia de los factores mencionados tiene importantes implicaciones en la conservación de líquenes específicos de un tipo de hábitat.

I.7.8 Exposición cardinal de la ladera y cobertura del dosel

Se ha encontrado influencia de la orientación cardinal, la dirección de los vientos, los niveles de radiación solar y diferencias en la estructura de la vegetación entre laderas sobre la distribución de las especies (Caldiz, 2005; Belinchón *et al.*, 2007; Pérez *et al.*, 2008).

En estudios de diversidad de líquenes en relación con el grado de iluminación, el método más frecuentemente usado para el análisis es a través de fotografías tomadas del dosel, las cuales son analizadas con programas especiales tales como Hemiview Canopy Analysis 2.1 y Gap Light Analyzer 2.0 (Belinchón *et al.*, 2007; Cáceres *et al.*, 2007). Este último, se basa en la transformación de las intensidades de los píxeles de la imagen a color en píxeles de dos clases: "cielo" y "no cielo", obteniéndose una imagen en blanco y negro sobre la cual se mide la cobertura del dosel (píxeles negros "no cielo") (Frazer *et al.*, 1999).

I.7.9 Distribución vertical de líquenes

Las metodologías usadas con el propósito de estudiar la distribución vertical de las epífitas han variado según las condiciones del bosque y el criterio de los especialistas. El primer esquema para dividir un árbol hospedero en diferentes zonas para analizar la estratificación de comunidades epífitas, fue llevado a cabo por Van Oye (1924) para *Elaeis guineensis* (Arecaceae). Su esquema con cinco zonas verticales fue posteriormente modificado por Ochsner en 1928 para árboles dicotiledóneos con una estructura más compleja. Este último, modificado por Johansson (1974), es el esquema de zonación vertical más comúnmente usado (Zotz, 2007). La zonación vertical de Johansson (1974) se desarrolló originalmente para grandes árboles de un bosque lluvioso del oeste africano y está basado principalmente en la estructura del forófito.

Zotz (2007) analizó las deficiencias de la metodología de Johansson (1974) en las condiciones neotropicales. Además, propuso el estudio de las comunidades de epífitas según las características del sustrato y diámetro de las ramas sin ayuda de categorías (o zonas de altura) predefinidas. Otra propuesta metodológica fue la de Pócs (1982), el cual describe cuatro zonas de altura: base del árbol (0 – 30 cm), tronco, ramas principales y ramas terminales. Además, sugirió que estas zonas son bastante similares en cuanto a composición florística y formas de crecimiento a través de los trópicos. Sin embargo, Cornelissen y ter Steege (1989), Montfoort y Ek (1990), Komposch y Hafellner (2000) y Kelly *et al.* (2004) usaron la zonación propuesta por Johansson (1974) para sus estudios en bosques tropicales de América del Sur.

Wolf (1994, 1995), presenta el diámetro de las ramas como un factor de la arquitectura del forófito determinante en la composición de las comunidades de líquenes. Este autor encontró una relación inversamente proporcional entre el diámetro de las ramas y el número de especies de líquenes, por lo que mientras mayor es el diámetro de las ramas menor fue la riqueza específica.

II. Materiales y Métodos

II.1 Caracterización geográfica, geológica y climatológica de la pluvisilva montana de la Gran Piedra

La Sierra de la Gran Piedra se encuentra situada frente al Mar Caribe, entre las cuencas tectónicas de Santiago de Cuba y Guantánamo. En esta sierra se encuentra enclavado el Paisaje Natural Protegido Gran Piedra (Fig. 3), perteneciente a la Reserva de la Biosfera Baconao. Entre las formaciones vegetales presentes en esta área protegida, se destaca la pluvisilva montana (*sensu* Reyes, 2012), en las coordenadas 75º 37' 47" y 20º 0' 42"; su punto culminante alcanza 1 224 msnm. El suelo es ferralítico rojo lixiviado, de ácido a muy ácido (Plutín, 1990). La temperatura media anual es de 18,4°C y la media anual de las precipitaciones es de 1 664 mm. La humedad relativa media anual es de 89,6 %; condicionada fundamentalmente por la ocurrencia de las nieblas y nubes bajas, las cuales se presentan como promedio 238 días al año (Montenegro, 1991).

La pluvisilva montana de la Gran Piedra presenta una alta diversidad florística y complejidad de hábitos de crecimiento. Es clasificada como un bosque bajo a medio (Reyes *et al*., 2005). La altura del estrato arbóreo es de 12 a 18 m, con emergentes de hasta 22 m. Dentro de la composición de este estrato se hallan, entre otras especies, a *Prestoea acuminata* var. *montana* (Grah.) Hernderson & Galeano, *Cyrilla silvae* Berazaín, *Chionanthus domingensis* Lam., *Ocotea cuneata* (Griseb.) Urb., *O. leucoxylon* (Sw.) Mez. y *Alchornea latifolia* Sw. En el sotobosque se encuentran el estrato arbustivo de hasta cinco metros y el estrato herbáceo con una cobertura del 25 al 50 %, en este último predominan los helechos. La sinusia epifítica está dominada por bromeliáceas, helechos, musgos y líquenes (Reyes, 2012).

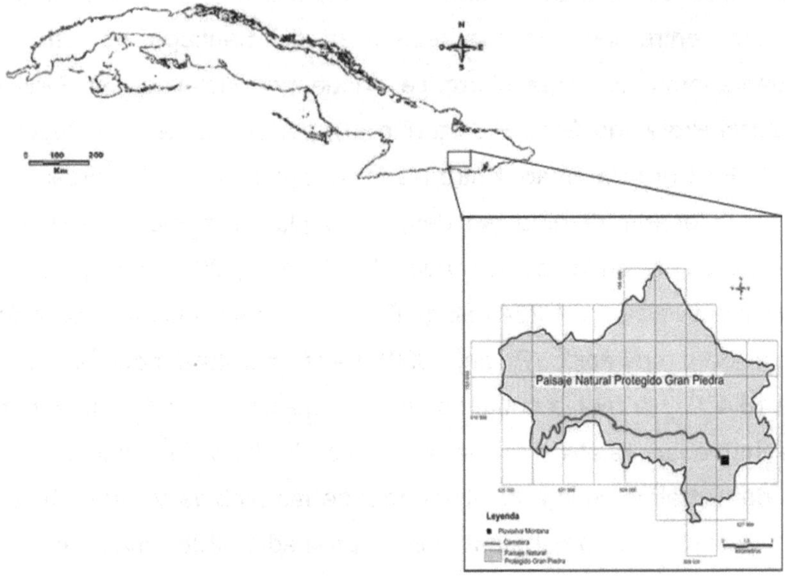

Figura 3. Ubicación geográfica de la pluvisilva montana en el Paisaje Natural Protegido Gran Piedra

II.2 Diseño de estudio

El estudio se llevó a cabo desde marzo de 2008 hasta junio de 2011, en la pluvisilva montana del Paisaje Natural Protegido Gran Piedra, Santiago de Cuba. Se establecieron nueve parcelas cuadradas de 625 m^2, distribuidas de manera aleatoria y a más de 50 m de distancia entre ellas. Dicha superficie constituye el área mínima donde se encuentra la representatividad de las especies en esta formación vegetal (Reyes *et al.*, 2005). En cada una, se investigaron todos los individuos encontrados de las especies de forófitos: *Myrcia fenzliana* O. Berg (*Myrtaceae*), *Clusia tetrastigma* Vesque (*Clusiaceae*), *Dendropanax arboreus* (L.) Decne. & Planch. (*Araliaceae*), *Coccoloba wrightii* Lindau (*Polygonaceae*) y *Brunellia comocladifolia* Bonpl (*Brunelliaceae*). De las tres primeras especies se muestrearon diez árboles, de *Coccoloba wrightii* 12 árboles y *Brunellia comocladifolia* nueve árboles. Los forófitos fueron seleccionados por su abundancia dentro de la formación vegetal. *Coccoloba wrightii* y *Clusia tetrastigma* son especies endémicas multidistritales (López *et al.*, 1994).

Las parcelas fueron ubicadas tres en laderas con orientación norte, tres en laderas con orientación sur y tres en laderas con orientación oeste. En la ladera este no se encontraron áreas conservadas donde estuviera representada la formación vegetal estudiada. Los forófitos fueron muestreados desde el suelo hasta los 2 m de altura. Para el estudio de distribución vertical de los líquenes se seleccionaron seis árboles por cada especie de forófito, uno por parcela según su disponibilidad, inspeccionados desde la base hasta las ramas superiores del árbol.

II.3 Composición, riqueza, frecuencia y cobertura de líquenes

Se recolectaron fragmentos de todos los especímenes, los cuales incluían porciones del centro y el margen del talo, preferentemente fructificados. Las especies fueron identificadas mediante claves especializadas (Sierk, 1964; Hale, 1976, 1987; Wirth y Hale, 1978; Moberg, 1990; Brako, 1991; Galloway, 1994; Gunderley, 1999;

Lumbsch *et al.*, 1999; Brodo *et al.*, 2001; Rivas Plata *et al.*, 2006; Lücking y Rivas Plata, 2008; Aptroot *et al.*, 2008, 2009). Además, se revisaron ejemplares de las familias *Collemataceae* y *Parmeliaceae* del herbario del Instituto de Ecología y Sistemática de La Habana (HAC). En la identificación de los especímenes colaboraron los siguientes investigadores: Dr. C. Robert Lücking (Field Museum of Chicago, Estados Unidos), Dra. C. Ana Rosa Burgaz (Universidad Complutense de Madrid, España), Dr. C. Gregorio Aragón (Universidad Rey Juan Carlos, España).

Para la detección de las sustancias liquénicas presentes en el talo se emplearon reactivos como hidróxido de potasio al 10 %, parafenilendiamina al 5 % e hipoclorito de sodio al 10 %. La reacción se considera positiva cuando la parte del talo sobre la que se añade una gota del reactivo cambia de color. La identificación de dichas sustancias se realiza en el córtex superior, la médula, la superficie del apotecio (epihimenio), el himenio y las esporas. Se le realizó la disección a más de un ascocarpo por espécimen y fueron medidas como mínimo 10 esporas, expresando las dimensiones en longitud por ancho (µm). La disección de los talos y estructuras reproductoras se realizaron bajo el microscopio estereoscopio Novel NTB-2B (4x) y la observación y medición de las esporas se realizó bajo el microscopio óptico Novel XSZ-N207 (400x) con un error de medición de 0,1 µm. Las preparaciones fueron montadas en medio acuoso.

Los nuevos registros de especies para Cuba y el Caribe insular fueron establecidos a partir de los mapas de distribución computarizados de los hongos del Caribe (Minter *et al.*, 2002), monografías, revisiones de géneros (Sierk, 1964; Hale, 1976, 1987; Wirth y Hale, 1978; Moberg, 1990; Brako, 1991; Galloway, 1994; Lumbsch *et al.*, 1999; Rivas Plata *et al.*, 2006; Aptroot *et al.*, 2009; Mercado-Díaz, 2009) y trabajos recientes desarrollados en la región oriental (datos de la autora). Para la actualización de la taxonomía de las especies de líquenes se han seguido los criterios de Kirk (2008), Mangold *et al.* (2008) y Rivas Plata *et al.* (2010). La clasificación de las especies según el biotipo o forma de crecimiento, tipo de fotobionte y estrategia reproductiva se realizó según los criterios de Brodo *et al.* (2001) y Barreno (2004). Los materiales recolectados fueron depositados en el herbario Dr. Jorge Sierra Calzado (BSC) del Centro Oriental de Ecosistemas y Biodiversidad.

La riqueza de especies se consideró como el número de especies de líquenes. La frecuencia de una especie de liquen se registró como el número de árboles en los que se halló la especie en cuestión. La cobertura de especies se determinó mediante el uso de una plantilla de 20 x 30 cm, dividida en cuadrantes de 2 x 3 cm. Esta plantilla transparente se colocó sobre el liquen y se contó el número de cuadrantes cubiertos total o parcialmente por el talo (modificado de Asta *et al.*, 2002). El número de cuadrantes fue multiplicado por 6 cm^2, obteniéndose la cobertura de la especie sobre el tronco.

II.4 Factores físicos y químicos del sustrato

II.4.1 Área del tronco

En este trabajo se usa el término tronco según la definición de Font Quer (1970). Se midió el diámetro del tronco a la altura de 1,30 m

(DAP). A partir de este dato se calculó el área del tronco (expresada en m^2) a través de la fórmula: $2r\pi h$; donde: 2r: diámetro del tronco, h: altura (2 m, en este estudio), π= 3,14. La fórmula matemática empleada corresponde a la utilizada para hallar el área lateral de un cilindro.

II.4.2 Rugosidad de la corteza

La rugosidad de la corteza se determinó a través del coeficiente de rugosidad. El método de cálculo del coeficiente de rugosidad tiene su basamento teórico en las dimensiones fractales. Si se realiza un corte transversal a la corteza en la superficie del tronco, la imagen que proyecta describe una curva a la cual es posible calcular las dimensiones fractales. Para esto, se midieron 5 cm, horizontalmente sobre el tronco, a la altura de 1,30 m. En uno de los extremos medidos se fijó un hilo (de algodón), con ayuda de la punta del cuchillo, se introdujo en todas las grietas y hendiduras de la corteza hasta el otro extremo. Luego se extrajo, se midió la longitud del hilo utilizado (la trayectoria desde un punto a otro) y se dividió entre 5 cm para obtener el coeficiente de rugosidad.

II.4.3 Porcentaje de humedad y química de la corteza

En este documento se le denomina corteza a lo que en anatomía vegetal corresponde a la peridermis (Evert, 2006). Se seleccionaron cinco árboles de cada una de las especies de forófitos, elegidos de manera aleatoria en las diferentes parcelas muestreadas. Se procedió a la extracción de la corteza con ayuda de un cuchillo, realizando antes un suave raspado para eliminar musgos, líquenes u otros organismos.

Fueron pesados 5 g de corteza en una balanza Sartorius BS, con un error de medición de 0,1 g. La muestra fue dividida en porciones de hasta 2 cm de largo, las cuales fueron maceradas en 20 ml de agua destilada. La maceración pasiva se realizó durante 24 h a temperatura ambiente, todas las muestras fueron procesadas al mismo tiempo. Posteriormente, se separaron las dos fracciones (líquida y sólida) de cada una de las muestras. En la fracción sólida se determinó el porcentaje de humedad, el contenido de cenizas y la concentración de minerales de las muestras de corteza. En la fracción líquida se determinaron los parámetros pH y concentración de fenoles de la corteza.

Para determinar el porcentaje de humedad, la muestra fue pesada y puesta en la estufa a 90º C hasta obtener el peso seco constante. El porcentaje de materia seca se obtuvo a través de la fórmula: (peso seco/peso de la muestra) x 100. El porcentaje de humedad se expresó como: 100 – (porcentaje de materia seca).

Para la determinación del contenido de cenizas se disolvió la muestra de materia seca en 10 ml de HNO_3 y se llevó a un volumen de 50 ml con agua destilada. Posterior a la digestión, se incineró el material resultante en una mufla a 500º C. El contenido total de cenizas se estimó a través de la fórmula: contenido de ceniza/peso de la muestra y expresado en mg/g de muestra. Además, se determinó la concentración de los minerales calcio, magnesio y potasio (elementos esenciales); así como, cobre, hierro, manganeso, molibdeno y zinc (oligoelementos) (Wallace, 1970). Para el análisis espectral se empleó un espectrómetro de emisión óptica con fuente de plasma inductivamente acoplado (ICP-AES) EOP (Spectro Arco Analytical Instrument).

La determinación del pH de la corteza para cada una de las muestras se realizó a temperatura ambiente y empleando el equipo pH-Meter Model PHSJ-4A. La concentración de fenoles de la corteza se obtuvo a través del método Folin-Ciocalteu (Singleton y Rossi, 1965), la absorbancia fue medida a 765 nm, usando ácido tánico como solución estándar. El contenido de fenoles totales fue expresado como el equivalente de ácido tánico por gramo de extracto seco (mg TAE/g). El equipo utilizado para la determinación fue un espectrofotómetro UV-Visible Rayleigh UV2100 (Beijing Rayleigh Analytical Instrument).

II.5 Exposición cardinal de la ladera y cobertura del dosel de la parcela

La exposición cardinal de la ladera se determinó empleando una brújula. El grado de iluminación de la parcela se determinó tomando cinco fotografías digitales dentro de cada parcela (cuatro teniendo en cuenta los puntos cardinales y una central), con una cámara digital Canon A630 de 8,0 megapíxeles. La cámara se posicionó horizontalmente a la altura de 1,70 m y con un acercamiento de cero. Las fotografías fueron analizadas con el programa Gap Light Analyzer v 2.0.

II.6 Distribución vertical de líquenes cortincícolas

En las parcelas se seleccionó un árbol por cada una de las cinco especies de forófitos, según su disponibilidad. Cada árbol se dividió en cuatro zonas de altura (Fig. 4). La zona I se estableció desde el suelo hasta los 2 m. La zona II (dosel interno) se extendió desde los 2 m hasta los 4 m, seleccionando las ramas que presentaron un diámetro mayor que 15 cm. La zona III (dosel medio) se extendió desde los 4 m hasta la mitad de la distancia al extremo terminal de las ramas; se muestrearon ramas de diámetro mayor que 5 cm. La zona IV (dosel externo) comprendió desde el límite de la zona III hasta el extremo de las ramas externas; en este nivel se escogieron, aleatoriamente, diez ramas con diámetros entre 1 y 3 cm. El acceso a la zona IV se facilitó por el uso de un cortarramas (tubo plástico) de 4 m de longitud con una tijera podadora en el extremo). En el resto de las zonas, el muestreo se realizó directamente sobre el árbol.

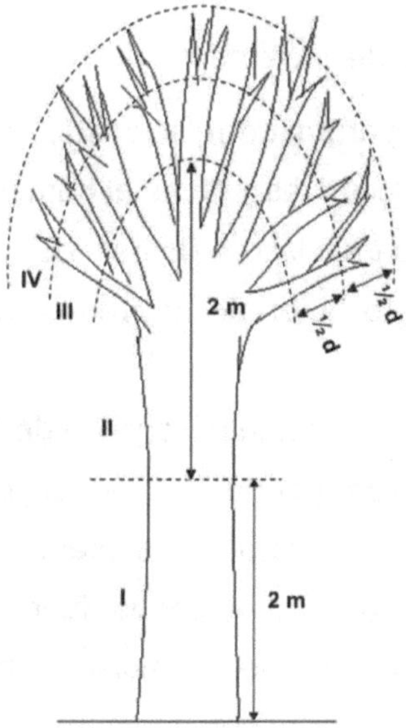

Figura 4. Esquema de zonación vertical propuesto para las cinco especies de forófitos muestreados en la pluvisilva montana. Zonas: I, II, III, IV, d: distancia desde los cuatro metros hasta el extremo terminal de las ramas

Las variables de la arquitectura del forófito fueron las siguientes: diámetro del tronco a 1,30 m (DAP), la altura en donde comienza la primera ramificación (APR), el ancho de la copa (Ac) y la altura del forófito (Hf). El DAP y el APR se determinaron con una cinta métrica, con un error de medición de 1mm, el Ac y el Hf por apreciación tomando como referencia una vara de 4 m de longitud

II.7 Procesamiento de los datos

II.7.1 Curvas de acumulación de especies

Según el modelo de Clench, la probabilidad de encontrar una nueva especie aumentará (hasta un máximo) conforme más tiempo se invierta en el campo, es decir, la probabilidad de añadir especies nuevas eventualmente disminuye, pero la experiencia en el campo la aumenta (Soberón y Llorente, 1993). Para la construcción de la curva de acumulación de especies por este modelo, se empleó la fórmula: $S_n = \frac{(a*n)}{(1+b*n)}$, donde: **a** es la tasa de incremento de nuevas especies al inicio del inventario, **b** es el parámetro relacionado con la forma de la curva, **n** es el número de muestras y $\mathbf{S_n}$ es el número promedio de especies calculado para los valores de n comprendidos entre uno y el número total de unidades de muestreo.

El coeficiente de determinación (R^2) es una medida descriptiva de la proporción de varianza que es explicada por la función cuyos valores oscilan entre 0 y 1. La asíntota se calcula a/b y se interpreta como el número máximo de especies predichas por la función (Jiménez-Valverde y Hortal, 2003). Si la curva de acumulación no alcanza la asíntota se calcula la pendiente de la recta tangente a la curva. Esto se realiza a través de la siguiente expresión: $\frac{a}{(1+b*n)^2}$. El cálculo del esfuerzo de muestreo necesario para registrar el 95 % de las especies se realizó a través de la fórmula: $\frac{0,95}{b*(1-0,95)}$.

Además, se determinó el número máximo de especies mediante el estimador no paramétrico Jacknife I. El mismo se basa en el número de especies que se encuentran solamente en una muestra. La fórmula empleada fue: $S + L\frac{m-1}{m}$, donde **S** es la riqueza específica, **L** es el número de especies que ocurren en una sola muestra y **m** es el número de muestras (Moreno, 2001). Las mismas se realizaron empleando los programas Statistica v 6.0 y Primer v 6.0.

II.7.2 Curvas de abundancia relativa e índices ecológicos para el estudio de la diversidad beta

Las curvas de abundancia relativa (Feinsinger, 2004) se elaboraron teniendo en cuenta la frecuencia y la cobertura relativa de las especies de líquenes. Las mismas permitieron determinar la heterogeneidad de los ensambles y comparar la variación de la frecuencia y cobertura relativa de los líquenes entre las especie de forófitos. En estas curvas se consideraron dominantes las especies que presentaron los mayores valores de frecuencia relativa y las raras aquellas con el mínimo valor (uno) (Kuusinen, 1996a).

La ubicación jerárquica dentro de la comunidad, se determinó usando el método de correlación de Olmstead-Tukey, representado mediante gráficas de cuadrantes (Sokal y Rohlf, 2012), que tuvo como base el cálculo de dos estimadores: la abundancia relativa de cada especie, expresada en Log (Abundancia relativa+1) y el porcentaje del número de muestras en el que la especie está presente (frecuencia de aparición) (Fig. 5). Las especies se clasificaron en:

1. Especie dominante: aquella cuya frecuencia de aparición y cobertura relativa es superior a los valores promedios.
2. Especie constante: cuya cobertura relativa es inferior al promedio, pero la frecuencia de aparición es superior al promedio.
3. Especie ocasional: aquella con cobertura relativa superior al promedio, pero con frecuencia de aparición inferior.
4. Especie rara: aquella cuya frecuencia de aparición y cobertura relativa son menores que sus promedios.

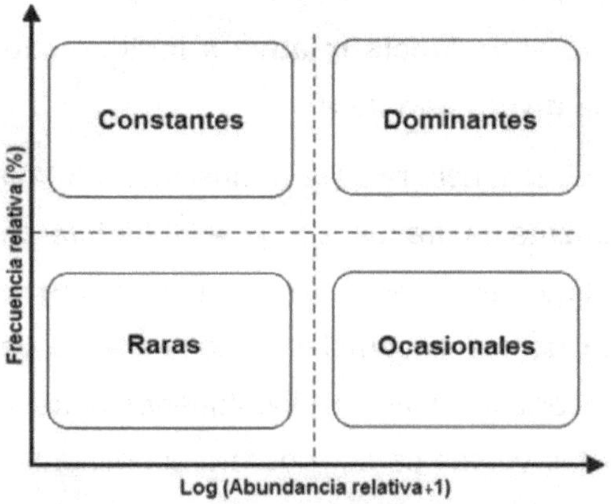

Figura 5. Esquema teórico de la prueba de Olmstead-Tukey para ubicar a las especies de manera jerárquica. Las líneas que definen los cuadrantes representan el promedio teórico de la frecuencia de aparición (%) y el Log (abundancia relativa+1), respectivamente.

El índice de Disimilitud Proporcional (PD) (Feinsinger, 2004) fue calculado con el propósito de determinar la diversidad beta entre las especies de forófitos empleando una medida que considere la frecuencia de cada especie. La fórmula empleada fue: PD= 1-PS, donde: $Ps=\sum_{i=1}^{S}\min(Pia; Pib)$, siendo: $P_i=\frac{Ni}{N}$. De esta última fórmula ***N_i***: frecuencia de la especie de liquen, ***N***: frecuencia de todas las especies de líquenes sobre la especie de forófito, **min (P_{ia}; P_{ib})**: el menor valor de P_i (frecuencia relativa) resultante de la comparación de los valores de P_i para una especie de liquen entre dos especies de forófitos (a y b).

Para determinar el proceso que contribuye a las disimilitudes entre los ensambles de líquenes en las especies de árboles: el recambio de especies (β_{-3}) o las diferencias en riqueza específica (β_{rich}), fueron calculados ambos componentes según la propuesta de Carvalho *et al.* (2012). Las fórmulas empleadas con este propósito fueron las siguientes: $\beta_{-3}=\frac{2\min(b,c)}{a+b+c}$ y $\beta_{rich}=\frac{b-c}{a+b+c}$, donde: **a** es el número de especies compartidas entre dos especies de árboles, **b** y **c** es el número de especies exclusivas de cada una de las especies de forófitos. La sumatoria de ambos componentes (β_{-3} + β_{rich}) es igual a β_{cc}, el cual corresponde a la medida de diversidad beta propuesta por Colwell y Coddington (1994).

La disimilitud entre los ensambles de líquenes como resultado de patrones anidamiento se calculó según la propuesta de Baselga (2010, 2012), a través del índice β_{nes}, donde: $\beta_{nes}=\frac{\max(b,c)-\min(b,c)}{2a+\max(b,c)+\min(b,c)}*\frac{a}{a+\min(b,c)}$. El complemento de este índice es β_{sim}, una modificación del índice de Simpson propuesto por Lennon *et al.* (2001), donde: $\beta_{sim}=\frac{\min(b,c)}{a+\min(b,c)}$, **a**, **b** y **c** tienen el mismo significado referido anteriormente. La sumatoria de ambos componentes es igual a β_{sor}, el cual corresponde a la medida de diversidad beta propuesta por Sørensen (1948). Los valores de los índices de diversidad beta varían entre 0 y 1.

El anidamiento de especies se determinó a través del coeficiente NODF (Almeida-Neto *et al.*, 2008), el cual es calculado como: NODF= $\frac{\sum NP}{\frac{n(n-1)}{2}+\frac{m(m-1)}{2}}$ donde: **n** es el número de columnas, **m** es el número de sitios y **NP** es el grado de anidamiento en la matriz ordenada por filas y columnas. Además, se calculó la temperatura de la matriz (T) a través del coeficiente *Nestedness* (Ulrich, 2008) empleando la fórmula siguiente: T=$\frac{100}{0,04145} * \frac{1}{SpSi} * \left(\sum_{i=1}^{Sp}\sum_{j=1}^{Si}\left(\frac{dij}{Dij}\right)^2\right)$, donde: **dij** es la distancia desde una celda vacía o llena hasta la línea borde, **Dij** es la longitud total de la diagonal que pasa sobre la celda focal hasta la línea borde. La línea borde tiene su origen en el punto donde convergen la última fila y columna llenas y divide la matriz en dos áreas: llena y vacía. El modelo de aleatorización utilizado fue el de filas y columnas fijas. Ambos coeficientes de anidamiento fueron calculados con el programa *Nestedness* v 2.0 (Ulrich, 2008). Los índices de diversidad beta y anidamiento también fueron determinados entre las laderas y entre las zonas de altura sobre los forófitos.

II.7.3 Análisis de coexistencia

Para determinar el mecanismo de estructuración de la comunidad se usó el programa EcoSim v 7.0 (Gotelli y Entsminger, 2006). Los índices calculados fueron el Puntaje C (Stone y Roberts, 1990), el número de parejas tablero (*CHECKER*) y el número de combinaciones (*COMBO*) (Gotelli, 2000). El índice Puntaje C fue calculado como (ri-S)(rj-S) donde **ri** y **rj** son los totales de filas de la matriz para el par de especies **i** y **j**, mientras que **S** es el número de sitios donde ambas especies coexisten. Este índice es el promedio de todos los pares de especies posibles en la matriz. El valor de este índice está relacionado con la segregación o agregación de especies. El número de parejas tablero fue calculado contando el número de parejas de especies que nunca coexisten. El número de combinaciones de especies fue determinado contando el número de combinaciones específicas de especies en cada matriz. Los algoritmos utilizados fueron: filas fijas- columnas fijas y filas fijas-columnas equiprobables (Gotelli, 2000). En el primer algoritmo, tanto la frecuencia de especies como el número total de especies fueron fijadas. En el segundo caso, solo la frecuencia de cada especie fue fijada mientras que el número total de especies soportadas por un único árbol fue intercambiado aleatoriamente.

El tamaño del efecto estandarizado (SES) fue calculado para cada índice como (Iobs- Isim)/SDsim, donde **Iobs** es el valor observado para un índice dado, mientras que **Isim** y **SDsim** son los promedios de la media y la desviación estándar de los 5 000 índices calculados para las matrices simuladas. El SES cuantifica el número de desviaciones estándar en las cuales el índice observado es mayor o menor que la media del índice en las matrices simuladas (Z). La hipótesis nula para el SES es que este valor Z es igual a cero. Los valores del SES correspondientes al índice Puntaje C menores que -2 o mayores que 2 indican aproximación a la significación estadística al 5 % (Ulrich y Gotelli, 2007), si estos valores son positivos indican segregación (Gotelli y Entsminger, 2012). La correlación por rangos de Spearman fue aplicada para encontrar relación entre la riqueza y frecuencia de líquenes y los valores observados de los tres índices.

II.7.4 Asociación especie de liquen-especie de forófito

Para determinar el grado de asociación especie de liquen-especie de forófito se empleó el índice C (Pearre, 1982). Se calculó el porcentaje de utilización (porcentaje de árboles usados por la especie de liquen del total de árboles de la especie de forófito) y disponibilidad (porcentaje de individuos muestreados pero no utilizados por la especie de liquen en cuestión). Este índice, basado en el estadístico χ^2, permite establecer la significación estadística del grado de preferencia o rechazo para cualquier tamaño de muestra. El valor de C varía entre -1 y +1; los valores positivos indican preferencia, los valores negativos indican rechazo y C=0 indica uso al azar. El criterio de significación para el índice C fue $p<0,05$, utilizando los valores tabulados de χ^2, según las sugerencias de Pearre (1982).

II.7.5 Métodos de ordenación y pruebas estadísticas

Para comprobar la variación en la composición de líquenes respecto a los factores área del tronco, rugosidad de la corteza y entre las cuatro zonas de altura (distribución vertical) se empleó el método de ordenación Escalado Multidimensional no Métrico (NMS). Para el procesamiento de los datos en el caso de los dos primero factores se establecieron clases a partir de la elaboración de curvas de frecuencia de especies. Los puntos de inflexión de la curva fueron los límites de cada clase (señalado con las flechas). Las clases para el área del tronco fueron: I: 0,33-0,43 m^2, II: 0,44-1,07 m^2 y III: ≥ 1,08 m^2 (Fig. 6).

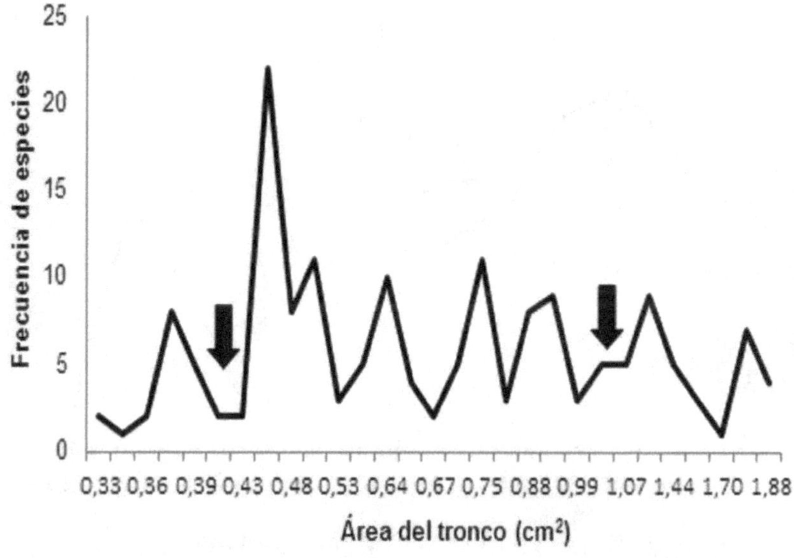

Figura 6. Curva de frecuencia de especies en relación con el área del tronco. Las flechas señalan los puntos de estabilización de la curva.

Para el coeficiente de rugosidad, las clases fueron delimitadas de la manera siguiente: I: 1,01-1,05, II: 1,06-1,09 y III: ≥ 1,10 (Fig. 7).

El Análisis de Correspondencia Canónica (CCA) se utilizó para determinar la variación en la composición de especies respecto al porcentaje de humedad, pH, contenido de cenizas, concentración de minerales y fenoles de la corteza, exposición cardinal y cobertura del dosel y entre las variables de la arquitectura del forófito.

Los valores de los factores físicos y químicos del sustrato y las variables de la arquitectura del forófito fueron resumidos para cada especie de forófito a través de la media y la desviación estándar.

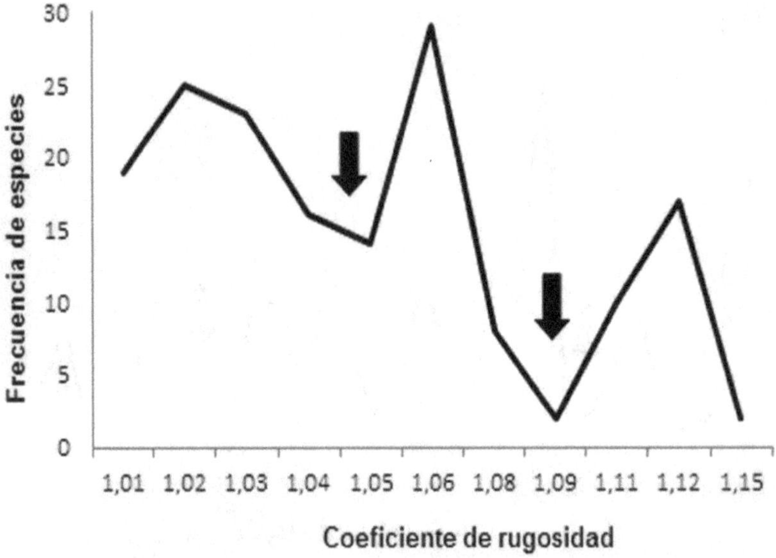

Figura 7. Curva de frecuencia de especies en relación con el coeficiente de rugosidad de la corteza. Las flechas indican los puntos de marcada inflexión de la curva.

Dichos valores fueron comparados a través de la prueba de Kruskal-Wallis con comparaciones múltiples *a posteriori* (Siegel y Castellán, 1995; Zar, 2010). Esta prueba estadística se empleó para comprobar diferencias en cuanto a riqueza, frecuencia y cobertura de líquenes entre laderas con diferentes exposiciones cardinales y parcelas con diferentes coberturas del dosel. Además, para detectar diferencias en cuanto a riqueza y frecuencia de especies entre las zonas de altura sobre el forófito. La relación entre la diversidad de líquenes respecto a los factores del sustrato y en parcelas con diferentes coberturas del dosel fue analizada a través de la prueba estadística Regresión lineal. Esta prueba también se utilizó para comprobar la variación en la riqueza y frecuencia de especies en relación con las variables de la arquitectura del forófito.

Los análisis a través de los métodos de ordenación NMS y CCA fueron realizados con el programa PC-Ord v. 5.0 para Windows (McCune y Mefford, 1999). Para el cálculo de la prueba Kruskal-Wallis, la correlación por rangos de Spearman y la Regresión lineal se utilizó el paquete estadístico STATISTICA v 6.0. La probabilidad escogida para todas las pruebas estadísticas fue $p<0,05$.

III. Resultados

III.1 Composición, riqueza, frecuencia y cobertura de líquenes corticícolas

La composición de líquenes corticícolas sobre las cinco especies de forófitos estuvo representada por 129 especies, las cuales pertenecen a 47 géneros de 24 familias. La familia *Graphidaceae* fue la de mayor riqueza de especies (23) seguida por *Thelotremataceae* (17); entre ambas constituyen el 31 % de las especies registradas. Se encontraron 73 (57 %) especies de líquenes que constituyen nuevos registros para Cuba, 45 (62 %) de ellas también lo son para el Caribe insular. De estas últimas, seis (10 %) pertenecen a cuatro géneros encontrados por primera vez en esta zona (*Architrypethelium*, *Megalotremis*, *Rimelia* y *Stegobolus*) (Tabla 1).

El biotipo crustáceo fue desarrollado por 88 especies, lo cual constituye el 68,2 %, por lo que se consideró la forma de crecimiento predominante. El biotipo foliáceo estuvo representado por 26 especies (20,1 %) y el fruticuloso por cuatro especies (3,1 %). Los biotipos escuamuloso y filamentoso estuvieron presentes en líquenes de los géneros *Phyllopsora* (seis especies, 4,7 %) y *Coenogonium* (cinco especies, 3,9 %), respectivamente (Tabla 1).

Se encontraron 121 especies (93,8 %) con el tipo de fotobionte clorofíceo (clorolíquenes), predominando dentro de la formación vegetal. Entre los géneros de algas verdes, *Trentepohlia* se halló formando simbiosis en 80 especies, lo cual representa el 62 % del total general. El número de cianolíquenes (especies de líquenes con cianobacterias) fue de ocho (6,2 %), representadas por los géneros *Nostoc* y *Scytonema* (Tabla 1).

La composición de líquenes corticícolas encontrada desde la base del tronco hasta los 2 m de altura se relaciona en la Tabla 2. La misma estuvo representada por 53 especies, las cuales pertenecen a 21 géneros de 15 familias. *Herpothallon rubrocinctum* fue la especie de liquen que presentó el mayor valor de frecuencia (14) y *Phyllopsora parvifolia* tuvo el mayor valor de cobertura con 1122 cm^2. Otras especies con elevada frecuencia y cobertura fueron *Crocynia pixinoides* (12 y 1038 cm^2), *Ocellularia praestans* (11 y 996 cm^2), *Porina distans* (12 y 870 cm^2) y *P. mastoidea* (nueve y 828 cm^2).

La riqueza, frecuencia y cobertura de líquenes mostraron los mayores valores en *Clusia tetrastigma*, *Dendropanax arboreus* y *Brunellia comocladifolia* (Fig. 8). La frecuencia de líquenes fue significativamente menor en *Myrcia fenzliana* respecto a *C. tetrastigma*, *D. arboreus* y *B. comocladifolia* ($H=19,7$; $p=0,0006$). Por tanto, el número de especies de líquenes y los valores de cobertura de los talos sobre la superficie del tronco son similares entre las especies de forófitos, aunque la frecuencia con la cual estas especies colonizan los árboles de *C. tetrastigma*, *D. arboreus* y *B. comocladifolia* es superior.

Tabla 1. Lista de especies de líquenes en la pluvisilva montana de la Gran Piedra. C: crustáceo; Es: escuamuloso; F: foliáceo; Fi: filamentoso; Fr: fruticuloso; Tr: *Trebouxia*; T: *Trentepohlia*; N: *Nostoc*; Scy: *Scytonema*; Cl: fotobionte clorofíceo; Ps: *Pseudoclorella*. [1] Nuevo registro de especie para Cuba. [2] Nuevo registro de especie para el Caribe insular. [3] Nuevo registro de género para el Caribe insular.

Familias	Especies	Abreviatura	Biotipo	Fotobionte
Arthoniaceae	[1,2]*Arthonia lecythidicola* (Bat. & H. Maia) Lücking & Sérus.	Arth-lec	C	T
	[1,2]*Arthonia orbygniae* Bat. & J. L. Bezerra	Arth-orb	C	T
	Arthothelium spectabile A. Massal.	Athth-sp	C	T
	[1,2]*Cryptothecia striata* Thor	Cryp-str	C	T
	Herpothallon rubrocinctum (Ehrenb) Aptroot, Lücking & G. Thor	Herp-rub	C	T
Arthopyreniaceae	[1,2]*Mycomicrothelia punctata* Aptroot	Mycom-pu	C	T
	[1,2]*Mycomicrothelia subfallens* (Müll. Arg.) D. Hawksw.	Mycom-su	C	T
Atheliaceae	*Dictyonema glabratum* (Spreng.) D. Hawksw.	Dict-gla	F	Scy
Bacidiaceae	*Phyllopsora buettneri* (Müll. Arg.) Zahlbr.	Phyl-bue	Es	Ps
	Phyllopsora confusa Swinscow & Krog	Phyl-con	Es	Ps
	Phyllopsora corallina (Eschw.) Müll. Arg.	Phyl-cor	Es	Ps
	Phyllopsora furfuracea Zahlbr.	Phyl-fur	Es	Ps
	Phyllopsora isidiotyla (Vain.) Riddle	Phyl-isi	Es	Ps
	Phyllopsora parvifolia (Pers.) Müll. Arg.	Phyl-par	Es	Ps
Brigantiaceae	*Brigantiaea leucoxantha* (Spreng.) R. Sant. & Hafellner	Brig-leu	C	Cl
Byssolomataceae	*Byssoloma leucoblepharum* (Nyl.) Vain.	Byss-leu	C	Cl
Chrysothricaceae	*Chrysothrix candelaris* (L.) J. R. Laundon	Chry-can	C	Cl
Coccocarpiaceae	*Coccocarpia palmicola (*Spreng.) Arv. & D.J. Galloway	Coc-palm	F	Scy
Coenogoniaceae	*Coenogonium disjunctum* Nyl.	Coe-disj	Fi	T
	Coenogonium interplexum Nyl.	Coe-ipl	Fi	T
	Coenogonium interpositum Nyl.	Coe-ipo	Fi	T
	Coenogonium leprieurii (Mont.) Nyl.	Coe-lepr	Fi	T
	Coenogonium linkii Ehrenb.	Coe-link	Fi	T
	Coenogonium pusillum (Mont.) Lücking, Aptroot & Sipman	Coe-pus	C	T
Collemataceae	*Leptogium austroamericanum* (Malme) Dodge	Lept-aus	F	N
	Leptogium azureum (Sw. ex Ach.) Mont.	Lept-azu	F	N
	Leptogium cyanescens (Pers.) Körb.	Lept-cya	F	N
	Leptogium marginellum (Sw.) Gray	Lept-mar	F	N
Crocyniaceae	*Crocynia pyxinoides* Nyl.	Cro-pyxi	C	T
Graphidaceae	[1,2]*Diorygma hieroglyphicum* (Pers.) Staiger & Kalb	Dio-hie	C	T
	Diorygma poitaei (Fée) Kalb, Staiger & Elix.	Dio-poi	C	T
	[1]*Fissurina dumastoides* Fink	Fiss-dum	C	T

Tabla 1. Continuación

Familias	Especies	Abreviatura	Biotipo	Fotobionte
Graphidaceae	[1]*Fissurina incrustans* Fée	Fiss-inc	C	T
	Glyphis cicatricosa Ach.	Gly-cica	C	T
	[1]*Graphis acharii* Fée	Grap-ach	C	T
	[1,2]*Graphis adpressa* Vain.	Grap-adp	C	T
	Graphis anfractuosa (Eschw.) Eschw.	Grap-anf	C	T
	[1]*Graphis antillarum* Vain.	Grap-ant	C	T
	[1,2]*Graphis chlorocarpa* Fée	Grap-chl	C	T
	[1]*Graphis chrysocarpa* (Raddi) Spreng	Grap-chr	C	T
	[1]*Graphis descuamescens* Fée	Grap-des	C	T
	Graphis elegans (Borrer ex Sm.) Ach.	Grap-ele	C	T
	[1]*Graphis flexibilis* Kremp.	Grap-fle	C	T
	[1]*Graphis humilis* Vain.	Grap-hum	C	T
	[1]*Graphis illinata* Eschw.	Grap-ill	C	T
	[1]*Graphis imshaugii* M. Wirth & Hale	Grap-ims	C	T
	[1]*Graphis macella* Kremp.	Grap-mac	C	T
	Graphis rhizocola (Fée) Lücking & Chaves	Grap-rhi	C	T
	[1]*Graphis rustica* Kremp.	Grap-rus	C	T
	[1]*Graphis triticea* Nyl.	Grap-tri	C	T
	[1]*Sarcographa difformis* Fink	Sarc-dif	C	T
	Platythecium grammitis Fée	Plat-gra	C	T
Lobariaceae	*Sticta beauvoisii* Delise	Stic-bea	F	N
	Sticta weigelii Isert	Stic-wei	F	N
Monoblastiaceae	[1,2]*Anisomeridium ambiguum* (Zahlbr.) R. C. Harris	Anis-ame	C	T
	[1,2]*Anisomeridium americanum* (A. Massal.) R. C. Harris	Anis-amb	C	T
Parmeliaceae	*Canoparmelia caroliniana* (Nyl.) Elix & Hale	Cano-car	F	Tr
	Hypotrachyna costaricensis (Nyl.) Hale	Hyp-cost	F	Tr
	Hypotrachyna lineariloba (Kurok.) Hale	Hyp-line	F	Tr
	[1,2]*Hypotrachyna livida* (Taylor) Hale	Hyp-liv	F	Tr
	Hypotrachyna lopezii Hale	Hyp-lop	F	Tr
	Hypotrachyna subphysodalica (Hale) Hale	Hyp-subp	F	Tr
	Parmotrema crinitum (Ach.) M. Choisy	Parm-cri	F	Tr
	Parmotrema cristiferum (Taylor) Hale	Parm-crs	F	Tr
	[1,2]*Parmotrema hypotropum* (Nyl.) Hale	Parm-hyp	F	Tr
	[1,2]*Parmotrema michauxianum* (Zahlbr.) Hale	Parm-mic	F	Tr
	Parmotrema tinctorum (Despr. ex Nyl.) Hale	Parm-tin	F	Tr
	[1,2]*Parmotrema xanthinum* (Müll. Arg.) Hale	Parm-xan	F	Tr
	[1,2,3]*Rimelia cetrata* (Ach.) Hale & A. Fletcher	Rim-cetr	F	Tr
	[1,2,3]*Rimelia reticulata* (Taylor) Hale & A. Fletcher	Rim-ret	F	Tr
	Usnea hirta (L.) Weber ex F.H. Wigg.	Usn-hirt	Fr	Tr
	Usnea rubicunda Stirt.	Usn-rub	Fr	Tr

Tabla 1. Continuación

Familias	Especies	Abreviatura	Biotipo	Fotobionte
Pertusariaceae	[1,2]*Pertusaria albescens* (Huds.) M. Choisy & Werner	Pert-alb	C	Tr
	[1,2]*Pertusaria amara* (Ach.) Nyl.	Pert-ama	C	Tr
	[1,2]*Pertusaria azulensis* B. de Lesd	Pert-azu	C	Tr
	[1,2]*Pertusaria pustulata* (Ach.) Duby	Pert-pu	C	Tr
	[1,2]*Pertusaria rubefacta* Erichsen	Pert-rub	C	Tr
	[1]*Pertusaria tetrathalamia* (Fée) Nyl.	Pert-tet	C	Tr
	[1]*Pertusaria texana* Müll. Arg.	Pert-tex	C	Tr
	[1]*Pertusaria xanthodes* Müll. Arg.	Pert-xan	C	Tr
	Pertusaria velata (Turner) Nyl.	Pert-vel	C	Tr
Physciaceae	*Heterodermia leucomela* (L.) Poelt	Het-leuc	F	Tr
	Heterodermia obscurata (Nyl.) Trevis.	Het-obsc	F	Tr
	[1]*Physcia atrostriata* Moberg	Phys-atr	F	Tr
	[1,2]*Physcia lopezii* Moberg	Phys-lop	F	Tr
Porinaceae	*Porina americana* Fée	Por-ame	C	T
	[1,2]*Porina conspersa* Malme	Por-cons	C	T
	[1,2]*Porina distans* Malme	Por-dist	C	T
	Porina mastoidea Fée	Por-mast	C	T
	Porina nucula Ach.	Por-nuc	C	T
	[1]*Porina rudiuscula* (Nyl.) Müll. Arg.	Por-rudi	C	T
Pyrenulaceae	[1,2]*Anthracothecium macrosporum* (Hepp) Müll. Arg.	Anth-mac	C	T
	[1,2]*Lithothelium illotum* (Nyl.) Aptroot	Lith-ill	C	T
	[1]*Pyrenula andina* Aptroot	Pyr-andi	C	T
	Pyrenula cubana (Müll. Arg.) R.C. Harris	Pyr-cub	C	T
	[1,2]*Pyrenula dermatodes* (Borrer) Schaer.	Pyr-derm	C	T
	[1]*Pyrenula duplicans* (Nyl.) Aptroot	Pyr-dup	C	T
	[1,2]*Pyrenula macrocarpa* A. Massal.	Pyr-macr	C	T
	Pyrenula mamillana (Ach.) Trevis.	Pyr-mam	C	T
	[1,2]*Pyrenula mastophoroides* (Nyl.) Zahlbr.	Pyr-mph	C	T
	[1]*Pyrenula santesis* (Nyl.) Müll. Arg.	Pyr-sant	C	T
	[1,2]*Pyrenula subcongruens* Müll. Arg.	Pyr-subc	C	T
Ramalinaceae	[1]*Ramalina stenospora* Müll. Arg.	Ram-sten	Fr	Tr
Stereocaulaceae	[1,2]*Lepraria lobificans* Nyl.	Lepr-lob	C	Cl
Teloschistaceae	*Teloschistes exilis* (Michx.) Vain.	Telo-exi	Fr	Tr
Thelotremataceae	[1,2]*Myriotrema costaricensis* (Müll. Arg.) Hale	Myr-micr	C	T
	[1]*Myriotrema microporellum* (Nyl.) Hale	Myr-cost	C	T
	[1,2]*Ocellularia antillensis* Hale	Oce-anti	C	T
	[1,2]*Ocellularia chiriquiensis* (Hale) Hale	Ocel-chi	C	T
	[1]*Ocellularia crocea* (Kremp.) Overeem & D. Overeem	Ocel-cro	C	T
	[1,2]*Ocellularia dolichotata* (Nyl.) Zahlbr.	Ocel-dol	C	T
	[1]*Ocellularia perforata* (Leight.) Müll. Arg.	Ocel-per	C	T

Tabla 1. Continuación

Familias	Especies	Abreviatura	Biotipo	Fotobionte
Thelotremataceae	[1,2]*Ocellularia subpraestans* (Hale) Hale	Ocel-pra	C	T
	Ocellularia praestans (Müll. Arg.) Hale	Ocel-sub	C	T
	Ocellularia terebrata (Ach.) Müll. Arg.	Ocel-ter	C	T
	Ocellularia xanthostroma (Nyl.) Zahlbr.	Ocel-xan	C	T
	Thelotrema adjectum Nyl.	The-adj	C	T
	[1]*Thelotrema lepadinum* (Ach.) Ach.	The-lepa	C	T
	[1,2]*Thelotrema neei* Hale	The-neei	C	T
	[1,2]*Thelotrema occlusum* Nyl.	The-occl	C	T
	Thelotrema porinoides Mont.	The-pori	C	T
	[1,2,3]*Stegobolus subemersus* (Müll. Arg.) Frisch	Steg-sub	C	T
Trypetheliaceae	[1,2,3]*Architrypethelium hyalinum* Aptroot	Arch-hya	C	T
	[1,2,3]*Megalotremis biocellata* Aptroot	Mega-bio	C	T
	[1,2,3]*Megalotremis lateralis* Aptroot	Mega-lat	C	T
	[1,2]*Polymeridium quinqueseptatum* (Nyl.) R.C. Harris	Poly-qui	C	T
	[1]*Polymeridium subcinereum* (Nyl.) R.C. Harris	Poly-sub	C	T
	[1,2]*Pseudopyrenula subnudata* Müll. Arg.	Pseu-sub	C	T
	[1,2]*Trypethelium subcatervarium* Malme	Try-subc	C	T

Tabla 2. Frecuencia (F) y cobertura (C) de especies de líquenes sobre las cinco especies de forófitos, encontrados desde la base del árbol hasta los 2 m de altura. Destacadas en negrita las especies con los mayores valores de frecuencia y cobertura totales. *Myrcia fenzliana* (Myr-fenz), *Coccoloba wrightii* (Coc-wrig), *Clusia tetrastigma* (Clu-tetr), *Dendropanax arboreus* (Den-arbo), *Brunellia comocladifolia* (Bru-como).

Especies	Myr-fenz		Coc-wrig		Clu-tetr		Den-arbo		Bru-como	
	F	C (cm^2)	F	C (cm^2)	F	C (cm^2)	F	C (cm^2)	F	C (cm^2)
Coccocarpia palmicola	0	0	1	24	0	0	0	0	0	0
Coenogonium disjunctum	0	0	0	0	0	0	2	54	0	0
Coenogonium interplexum	0	0	0	0	0	0	1	48	0	0
Coenogonium interpositum	0	0	1	30	0	0	0	0	0	0
Coenogonium leprieurii	0	0	0	0	2	66	0	0	0	0
Coenogonium linkii	0	0	1	48	0	0	0	0	0	0
Coenogonium pusillum	0	0	0	0	1	18	2	258	1	12
Crocynia pyxinoides	1	24	3	66	3	330	1	90	4	528
Cryptothecia striata	0	0	0	0	0	0	0	0	1	60
Glyphis cicatricosa	1	114	0	0	0	0	0	0	0	0
Graphis adpressa	1	12	0	0	0	0	3	78	0	0
Graphis elegans	0	0	0	0	0	0	1	96	1	30
Graphis triticea	0	0	0	0	0	0	1	84	0	0
Graphis rustica	0	0	0	0	1	240	1	24	1	420
Herpothallon rubrocinctum	3	282	2	66	4	120	1	258	4	264
Heterodermia leucomela	0	0	2	48	2	36	1	54	1	84
Hypotrachyna livida	0	0	0	0	0	0	0	0	1	12
Leptogium austroamericanum	0	0	2	72	2	30	1	132	0	0
Leptogium azureum	0	0	0	0	0	0	1	12	0	0
Leptogium cyanescens	0	0	0	0	1	12	0	0	0	0
Myriotrema costaricense	2	432	0	0	0	0	0	0	0	0
Ocellularia antillensis	0	0	1	72	1	24	1	108	1	54
Ocellularia crocea	1	102	0	0	0	0	0	0	1	354
Ocellularia dolichotata	0	0	0	0	1	54	0	0	1	18
Ocellularia perforata	0	0	0	0	0	0	2	90	1	90
Ocellularia praestans	1	180	4	468	1	30	2	144	3	174
Ocellularia subpraestans	1	60	0	0	0	0	0	0	0	0
Ocellularia terebrata	0	0	0	0	0	0	0	0	2	114
Parmotrema tinctorum	0	0	0	0	0	0	0	0	1	72
Pertusaria azulensis	0	0	0	0	0	0	1	6	0	0
Pertusaria velata	2	48	0	0	0	0	0	0	0	0
Phyllopsora buettneri	1	132	0	0	2	258	2	54	3	246
Phyllopsora confusa	0	0	1	24	0	0	1	24	0	0
Phyllopsora corallina	0	0	2	180	3	438	0	0	0	0
Phyllopsora isidiotyla	0	0	0	0	0	0	1	54	0	0
Phyllopsora parvifolia	0	0	2	372	2	678	4	72	0	0
Porina distans	2	96	2	114	3	264	3	318	2	78
Porina mastoidea	1	72	3	72	2	366	1	90	2	228
Porina nucula	0	0	0	0	2	48	0	0	0	0
Pseudopyrenula subnudata	0	0	1	48	1	18	3	156	0	0
Pyrenula andina	0	0	0	0	0	0	0	0	1	300
Pyrenula cubana	0	0	0	0	0	0	1	36	0	0

Tabla 2. Continuación

Especies	Myr-fenz		Coc-wrig		Clu-tetr		Den-arbo		Bru-como	
	F	C (cm^2)	F	C (cm^2)	F	C (cm^2)	F	C (cm^2)	F	C (cm^2)
Pyrenula duplicans	0	0	0	0	1	456	0	0	0	0
Pyrenula macrocarpa	0	0	0	0	1	6	1	144	0	0
Pyrenula santensis	0	0	0	0	1	120	0	0	1	24
Pyrenula subcongruens	0	0	0	0	0	0	1	18	0	0
Pyrenulla mamillana	0	0	0	0	2	66	0	0	0	0
Sticta weigelii	0	0	1	36	0	0	1	66	0	0
Thelotrema adjectum	0	0	1	690	0	0	0	0	0	0
Thelotrema lepadinum	0	0	1	96	0	0	0	0	0	0
Thelotrema neei	0	0	0	0	0	0	0	0	2	120
Thelotrema porinoides	0	0	0	0	0	0	1	24	0	0
Trypethelium subcatervarium	0	0	0	0	0	0	0	0	1	48

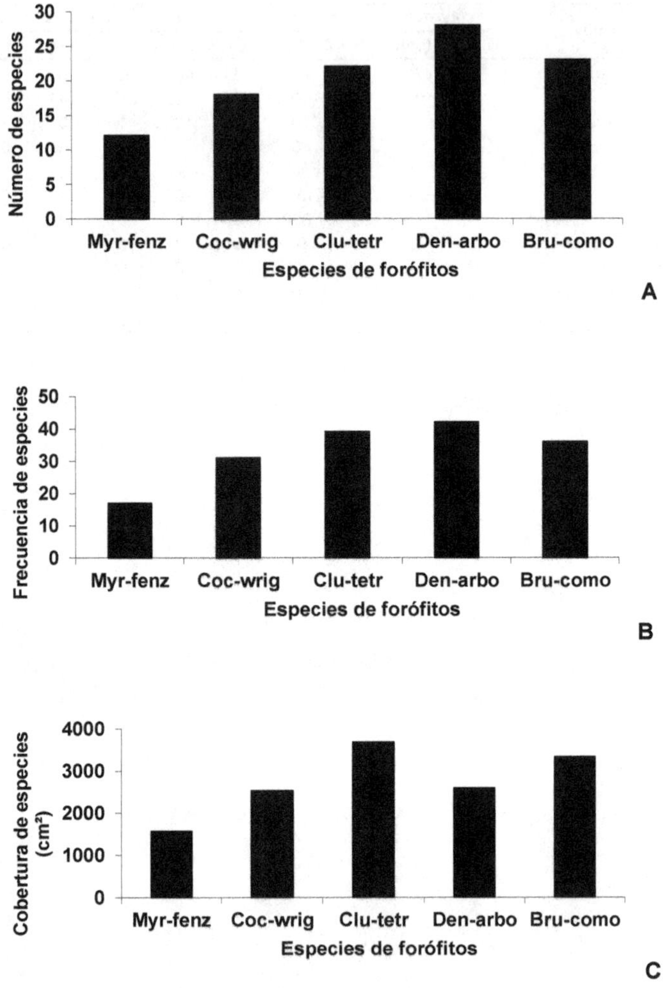

Figura 8. Riqueza (A), frecuencia (B) y cobertura (C) de líquenes entre las especies de forófitos. Myr-fenz: *Myrcia fenzliana*, Coc-wrig: *Coccoloba wrightii*, Clu-tetr: *Clusia tetrastigma*, Den-arbo: *Dendropanax arboreus* y Bru-como: *Brunellia comocladifolia*.

III.2 Curvas de acumulación de especies, diversidad beta y patrones de anidamiento

La curva de acumulación de especies según el modelo de Clench evidenció que la riqueza de líquenes observada (53 especies) se encuentra por debajo del valor asintótico predicho por la función (82 especies) (Fig. 9). Por tanto, el número de especies encontrada representa el 65 % de la riqueza máxima esperada según este modelo. El coeficiente de determinación (R^2) fue de 0,99, por lo que se encontró un buen ajuste de la función.

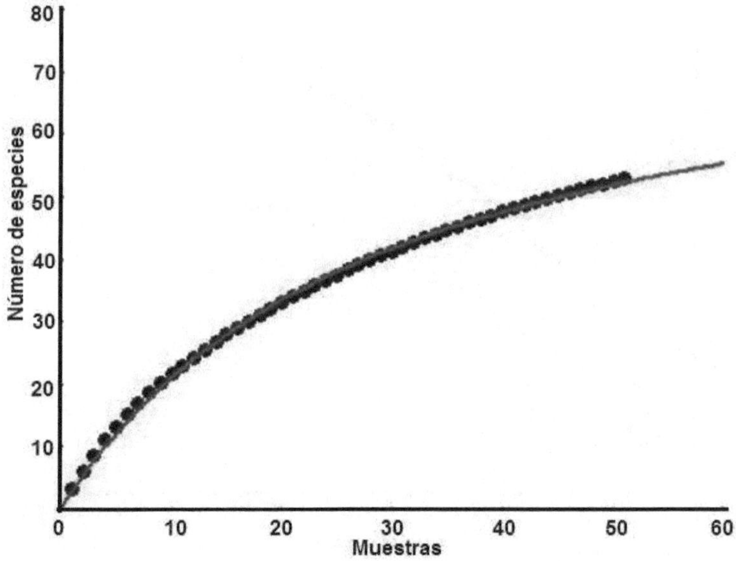

Figura 9. Curva de acumulación de especies por el modelo de Clench. R^2= 0,99. Línea contínua: Función de Clench. Puntos: riqueza de especies observada.

La pendiente de la recta tangente a la curva de acumulación de especies es de 0,38 y el esfuerzo de muestreo necesario para registrar el 95 % de las especies de líquenes es de 547 forófitos.

La curva de acumulación de especies a partir del estimador no paramétrico Jacknife I mostró un valor de riqueza máxima de 75 especies (Fig. 10). De manera que el número de especies observadas representa el 71 % de la riqueza predicha por este estimador.

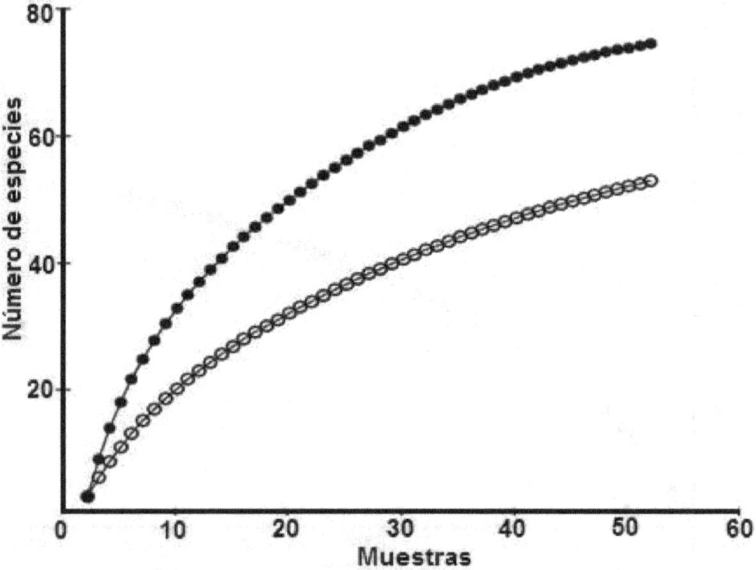

Figura 10. Curva de acumulación de especies usando el estimador Jacknife I. Puntos: estimador Jacknife I. Círculos: riqueza de especies observada.

Las curvas de frecuencia relativa mostraron una alta heterogeneidad de líquenes. En estas, las especies de líquenes dominantes presentaron frecuencias relativas muy superiores al resto dentro de la misma curva. Se encontraron numerosas especies raras en cada forófito y 22 tuvieron el mínimo valor de frecuencia en todo el estudio (Fig. 11). *Herpothallon rubrocinctum*, *Crocynia pyxinoides*, *Ocellularia praestans*, *Porina distans* y *P. mastoidea* están presentes en las cinco especies de forófitos. *Herpothallon rubrocinctum* tuvo el mayor valor de frecuencia en tres de ellas, disminuyendo su frecuencia y cobertura sobre *Coccoloba wrightii* y *Dendropanax arboreus*. En *Brunellia comocladifolia*, esta especie de liquen compartió la dominancia con *Croxynia pyxinoides*, muy frecuente también en otros forófitos. *Ocellularia praestans* y *Phyllopsora parvifolia* fueron dominantes en *Coccoloba wrightii* y *Dendropanax arboreus*, respectivamente. *Porina distans* mantuvo valores de frecuencias relativas intermedias y *Crocynia pyxinoides*, *Ocellularia praestans* y *Porina mastoidea* mostraron gran fluctuación en cuanto a dicha variable. Cada una de las curvas muestra un elevado número de líquenes con el mínimo de frecuencia. *Dendropanax arboreus* presentó el mayor número de especies con el menor valor de frecuencia relativa.

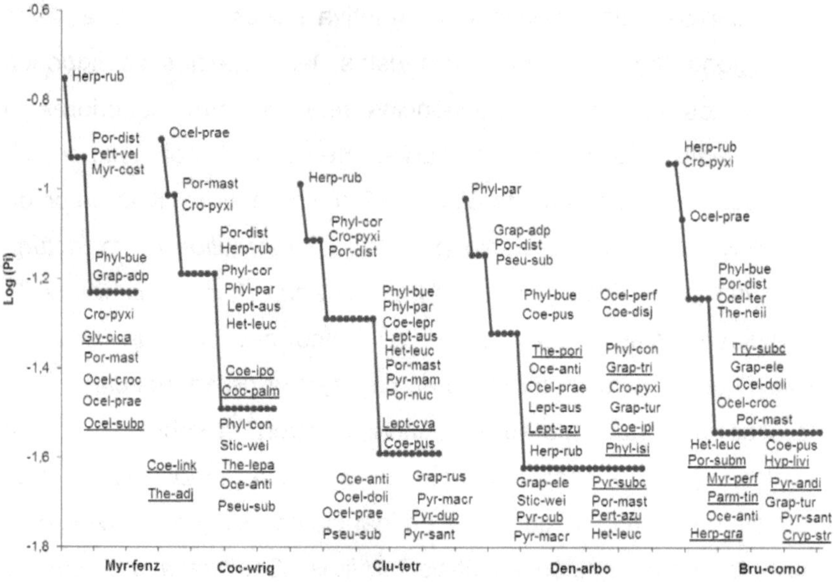

Figura 11. Curvas de frecuencia relativa de las especies de líquenes para cada una de las especies de forófitos. Myr-fenz: Myrcia fenzliana, Coc-wrig: Coccoloba wrightii, Clu-tetr: Clusia tetrastigma, Den-arbo: Dendropanax arboreus y Bru-como: Brunellia comocladifolia. Subrayadas las especies de líquenes con el mínimo valor de frecuencia en todo el estudio. Abreviaturas de las especies de líquenes (Tabla 1).

Comprobando la posición de las especies en cada una de las curvas de cobertura relativa (Fig. 12), encontramos que Coccocarpia palmicola, Pertusaria azulensis e Hypotrachyna livida, además de tener el mínimo de frecuencia, presentaron baja cobertura en cada uno de los árboles sobre los que se recolectaron. Las especies de líquenes consideradas dominantes por su frecuencia en cada forófito (con excepción de Croxynia pyxinoides y Phyllopsora parvifolia) resultaron no ser las de mayor cobertura sobre el tronco. Thelotrema adjectum, especie de baja frecuencia, exhibió el valor más elevado de cobertura sobre Coccoloba wrigtii.

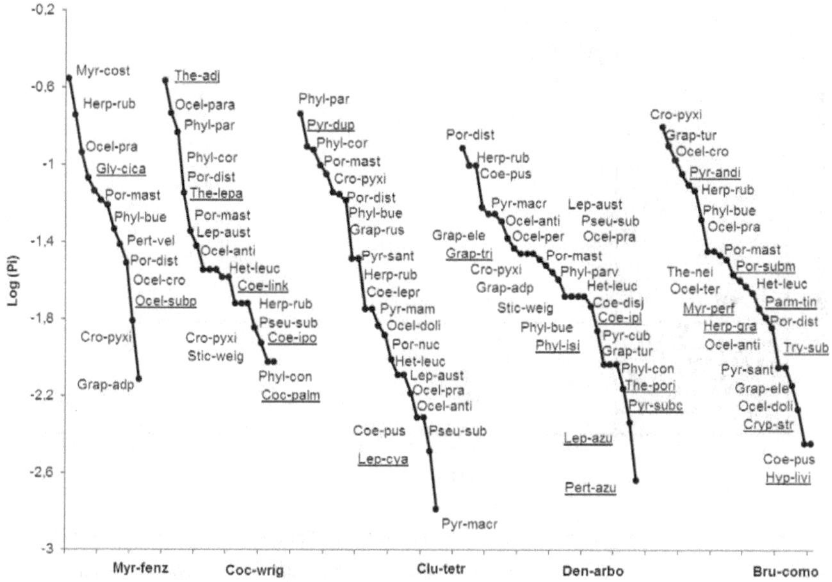

Figura 12. Curvas de cobertura relativa de las especies de líquenes para cada una de las especies de forófitos. Myr-fenz: Myrcia fenzliana, Coc-wrig: Coccoloba wrightii, Clu-tetr: Clusia tetrastigma, Den-arbo: Dendropanax arboreus y Bru-como: Brunellia comocladifolia. Subrayadas las especies de líquenes con el mínimo valor de frecuencia en todo el estudio. Abreviaturas de las especies de líquenes (Tabla 1)

En el análisis de la ubicación jerárquica de las especies de líquenes encontramos que el 19 % fueron dominantes, el 8 % resultaron constantes, el 11 % ocasional y el 62 % se consideraron especies raras (Fig. 13). La clasificación de cada una de las especies en dominante, constante, ocasional y rara se refiere en la Tabla 3.

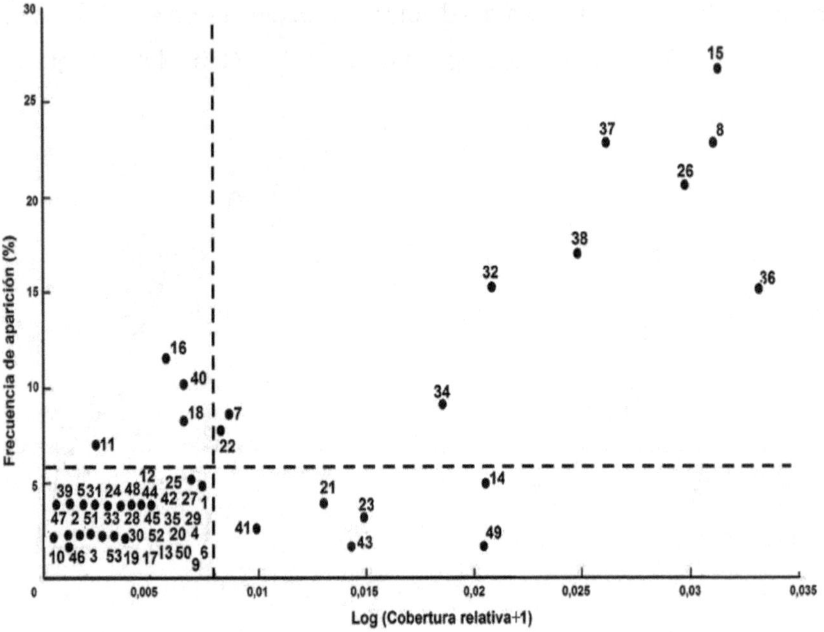

Figura 13. Ubicación jerárquica de las especies de líquenes. Las líneas discontinuas representan la mediana de la frecuencia de aparición (%) y del Log (Cobertura relativa+1). 1-*Coccocarpia palmicola*, 2-*Coenogonium disjunctum*, 3-*Coenogonium interplexum*, 4-*Coenogonium interpositum*, 5-*Coenogonium leprieurii*, 6-*Coenogonium linkii*, 7-*Coenogonium pusillum*, 8-*Crocynia pyxinoides*, 9-*Cryptothecia striata*, 10-*Glyphis cicatricosa*, 11-*Graphis adpressa*, 12-*Graphis elegans*, 13-*Graphis triticea*, 14-*Graphis rustica*, 15-*Herpothallon rubrocinctum*, 16-*Heterodermia leucomela*, 17-*Hypotrachyna livida*, 18-*Leptogium austroamericanum*, 19-*Leptogium azureum*, 20-*Leptogium cyanescens*, 21-*Myriotrema costaricense*, 22-*Ocellularia antillensis*, 23-*Ocellularia crocea*, 24-*Ocellularia dolichotata*, 25-*Ocellularia perforata*, 26-*Ocellularia praestans*, 27-*Ocellularia subpraestans*, 28-*Ocellularia terebrata*, 29-*Parmotrema tinctorum*, 30-*Pertusaria azulensis*, 31-*Pertusaria velata*, 32-*Phyllopsora buettneri*, 33-*Phyllopsora confusa*, 34-*Phyllopsora corallina*, 35-*Phyllopsora isidiotyla*, 36-*Phyllopsora parvifolia*, 37-*Porina distans*, 38-*Porina mastoidea*, 39-*Porina nucula*, 40-*Pseudopyrenula subnudata*, 41-*Pyrenula andina*, 42-*Pyrenula cubana*, 43-*Pyrenula duplicans*, 44-*Pyrenula macrocarpa*, 45-*Pyrenula santensis*, 46-*Pyrenula subcongruens*, 47-*Pyrenulla mamillana*, 48-*Sticta weigelii*, 49-*Thelotrema adjectum*, 50-*Thelotrema lepadinum*, 51-*Thelotrema neei*, 52-*Thelotrema porinoides*, 53-*Trypethelium subcatervarium*.

Tabla 3. Clasificación de las especies de líquenes según su ubicación jerárquica.

Especies de líquenes	Clasificación	Especies de líquenes	Clasificación
Coccocarpia palmicola	Raras	*Ocellularia terebrata*	Raras
Coenogonium disjunctum	Raras	*Parmotrema tinctorum*	Raras
Coenogonium interplexum	Raras	*Pertusaria azulensis*	Raras
Coenogonium interpositum	Raras	*Pertusaria velata*	Raras
Coenogonium leprieurii	Dominantes	*Phyllopsora buettneri*	Dominantes
Coenogonium linkii	Raras	*Phyllopsora confusa*	Raras
Coenogonium pusillum	Dominantes	*Phyllopsora corallina*	Dominantes
Crocynia pyxinoides	Dominantes	*Phyllopsora isidiotyla*	Raras
Cryptothecia striata	Raras	*Phyllopsora parvifolia*	Dominantes
Glyphis cicatricosa	Raras	*Porina distans*	Dominantes
Graphis adpressa	Constantes	*Porina mastoidea*	Dominantes
Graphis elegans	Raras	*Porina nucula*	Raras
Graphis triticea	Raras	*Pseudopyrenula subnudata*	Constantes
Graphis rustica	Ocasionales	*Pyrenula andina*	Ocasionales
Herpothallon rubrocinctum	Raras	*Pyrenula cubana*	Raras
Heterodermia leucomela	Constantes	*Pyrenula duplicans*	Ocasionales
Hypotrachyna livida	Raras	*Pyrenula macrocarpa*	Raras
Leptogium austroamericanum	Constantes	*Pyrenula santensis*	Raras
Leptogium azureum	Raras	*Pyrenula subcongruens*	Raras
Leptogium cyanescens	Raras	*Pyrenulla mamillana*	Raras
Myriotrema costaricense	Ocasionales	*Sticta weigelii*	Raras
Ocellularia antillensis	Dominantes	*Thelotrema adjectum*	Ocasionales
Ocellularia crocea	Ocasionales	*Thelotrema lepadinum*	Raras
Ocellularia dolichotata	Raras	*Thelotrema neei*	Raras
Ocellularia perforata	Raras	*Thelotrema porinoides*	Raras
Ocellularia praestans	Dominantes	*Trypethelium subcatervarium*	Raras
Ocellularia subpraestans	Raras		

En cuanto al índice de Disimilitud Proporcional Comunitaria encontramos que *Dendropanax arboreus* y *Myrcia fenzliana* exhiben la mayor diversidad beta, alcanzando un valor de 0,7. El menor valor de disimilitud lo presentaron *Coccoloba wrightii* y *Clusia tetrastigma* con 0,45. El resto de las especies de forófitos mostraron valores que oscilan entre 0,5 y 0,6 (Tabla 4).

En el análisis de los componentes de la diversidad beta (β_{cc}) se encontró que el componente que determinó las disimilitudes entre los ensambles de líquenes de *Myrcia fenzliana* y *Dendropanax arboreus* (0,49) fue la diferencia en riqueza de especies (β_{rich}). Entre *Myrcia fenzliana* y *Brunellia comocladifolia* se encontró que tanto las diferencias en riqueza como el recambio de especies contribuyen a la estructuración de los ensambles de líquenes, alcanzando el mismo valor para ambos componentes (0,37). El recambio de especies (β_{-3}) fue el componente que más contribuyó a las disimilitudes entre los ensambles de líquenes en el resto de las especies de forófitos, los valores oscilaron entre 0,4 y 0,6 (Tabla 4).

La diversidad beta producto de patrones de anidamiento mostró que el índice (β_{nes}) alcanzó el mayor valor entre *Myrcia fenzliana* y *Dendropanax arboreus* (0,23), seguido del encontrado entre *Myrcia fenzliana* y *Brunellia comocladifolia*. Para el resto de las especies de forófitos los valores del índice diversidad beta producto del anidamiento oscilaron entre 0 y 0,15 (Tabla 4). Predominó el recambio de especies (β_{sim}) alcanzando el mayor valor (0,61) entre *Coccoloba wrightii* y *Brunellia comocladifolia*. Por tanto, las disimilitudes entre los ensambles no se atribuyen a patrones de anidamiento. En el análisis de los coeficientes de anidamiento se obtuvo para NODF un valor de 11. En el cálculo diferencial del coeficiente NODF por columnas y por filas se obtuvo los valores 13,68 y 8,51, respectivamente.

Tabla 4. Valores de los índices de Disimilitud Porporcional Comunitaria (DPC) (Feinsinger, 2004), diversidad beta (β_{cc}) (Colwell y Coddington, 1994) y diversidad beta de Sørensen (β_{sor}) (Lennon *et al.*, 2001) entre las cinco especies de forófitos. β_{-3}: componente de la diversidad beta referida al recambio de especies, β_{rich}: componente de la diversidad beta relacionado con las diferencias en riqueza específica, β_{nes}: componente de la diversidad beta referido a patrones de anidamiento, β_{sim}: componente de la diversidad beta relacionado con el recambio de especies, índice de disimilitud de Simpson. *Myrcia fenzliana* (Myr-fenz), *Coccoloba wrightii* (Coc-wrig), *Clusia tetrastigma* (Clu-tetr), *Dendropanax arboreus* (Den-arbo), *Brunellia comocladifolia* (Bru-como).

Forófitos	**Myr-fenz**			**Coc-wrig**			**Clu-tetr**			**Den-arbo**		
	DPC	**βcc**	**βsor**	**DPC**	**βcc**	**βsor**	**DPC**	**βcc**	**βsor**	**DPC**	**βcc**	**βsor**
Coc-wrig	0,69	βcc= 0,8 β-3= 0,56 βrich= 0,24	βsor= 0,66 βsim= 0,58 βnes= 0,08									
Clu-tetr	0,63	βcc= 0,79 β-3= 0,43 βrich= 0,36	βsor= 0,65 βsim= 0,5 βnes= 0,15	0,45	βcc= 0,62 β-3= 0,48 βrich= 0,14	βsor= 0,46 βsim= 0,39 βnes= 0,07						
Den-arbo	0,70	βcc= 0,79 β-3= 0,30 βrich= 0,49	βsor= 0,65 βsim= 0,42 βnes= 0,23	0,60	βcc= 0,65 β-3= 0,36 βrich= 0,29	βsor= 0,48 βsim= 0,33 βnes= 0,15	0,56	βcc= 0,62 β-3= 0,48 βrich= 0,14	βsor= 0,44 βsim= 0,36 βnes= 0,08			
Bru-como	0,57	βcc= 0,74 β-3= 0,37 βrich= 0,37	βsor= 0,59 βsim= 0,42 βnes= 0,17	0,60	βcc= 0,78 β-3= 0,66 βrich= 0,12	βsor= 0,65 βsim= 0,61 βnes= 0,04	0,48	βcc= 0,63 β-3= 0,63 βrich= 0	βsor= 0,45 βsim= 0,45 βnes= 0	0,62	βcc= 0,68 β-3= 0,52 βrich= 0,16	βsor= 0,5 βsim= 0,45 βnes= 0,05

El intervalo de confianza se estableció como p(10,06 ≤ T ≤ 11,34)=95 % y el tamaño del efecto estandarizado (SES) fue de 0,92. Para el coeficiente *Nestedness*, la temperatura de la matriz tuvo un valor de 13,17. El intervalo de confianza del coeficiente fue expresado como p(11,79 ≤T ≤ 14,61)=95 % y para el SES el valor de Z fue de -0,02. Por tanto, no se encontró anidamiento de especies en la estructura del ensamble.

III.3 Análisis de coexistencia

Para *Myrcia fenzliana* y *Coccoloba wrightii,* los índices Puntaje C y número de parejas tablero (*CHECKER*) mostraron mayores valores para la matriz observada y probabilidades significativamente mayores que las esperadas por azar (Tabla 5). Los valores de SES fueron mayores que 2 y positivos, de manera que la coexistencia de líquenes sobre estas dos especies de forófitos refleja un patrón de segregación. Para *Dendropanax arboreus*, *Clusia tetrastigma* y *Brunellia comocladifolia* no se encontró significación estadística en ninguno de los índices; por tanto, la coexistencia sobre estas especies de árboles es aleatoria. El número de combinaciones (*COMBO*) fue menor que el obtenido en las matrices simuladas, para las cinco especies de forófitos; sin embargo, en ningún caso fue estadísticamente significativa. El análisis de correlación solo fue significativo para la frecuencia de líquenes y el índice *CHECKER* (r_s=0,9; p=0,037). El aumento de la frecuencia de especies, provoca un incremento del número de pares de especies con distribución tablero.

Tabla 5. Valores de los índices de coexistencia (Obs) para los líquenes en las cinco especies de forófitos. FF-CF: filas fijas- columnas fijas; FF-CE: filas fijas- columnas equiprobables; *CHECKER*: número de parejas tablero; COMBO: número de combinaciones; SES: tamaño del efecto estandarizado. Destacados en negrita los valores de probabilidad con significación estadística (p<0,05). *Myrcia fenzliana* (Myr-fenz), *Coccoloba wrightii* (Coc-wrig), *Clusia tetrastigma* (Clu-tetr), *Dendropanax arboreus* (Den-arbo), *Brunellia comocladifolia* (Bru-como).

Forófitos	Algoritmo	Puntaje C			CHECKER			COMBO		
		Obs	p	SES	Obs	p	SES	Obs	p	SES
Myr-fenz	F-F	1,740	**0,03**	2,060	59,000	0,100	2,800	9,000	0,290	-1,300
	F-E	1,740	**0,002**	2,070	59,000	**0,007**	1,850	9,000	0,650	-0,140
Coc-wrig	F-F	2,370	0,260	0,730	128,000	0,270	1,060	11,000	0,050	-4,030
	F-E	2,370	**0,002**	2,060	128,000	**0,002**	2,100	11,000	0,220	-1,500
Clu-tetr	F-F	2,170	0,260	0,700	166,000	0,710	-0,330	10,000	1,000	0,040
	F-E	2,180	0,310	0,580	166,000	0,460	0,280	10,000	1,000	0,090
Den-arbo	F-F	1,510	0,300	0,520	281,000	0,510	0,100	10,000	1,000	0,040
	F-E	1,520	0,930	-1,64	281,000	0,970	-2,230	10,000	1,000	0,060
Bru-como	F-F	1,140	0,830	-0,66	86,000	0,580	0,360	5,000	1,000	0,000
	F-E	1,140	0,160	0,980	86,000	0,070	1,230	5,000	1,000	0,030

III.4 Composición, riqueza, frecuencia y cobertura de líquenes corticícolas en relación con los factores físicos y químicos del sustrato

Los valores del área del tronco y la rugosidad de la corteza para cada especie de forófito fueron resumidos a través de la media y la desviación estándar (Tabla 6). Se comprobaron diferencias significativas en cuanto al área del tronco de *Clusia tetrastigma* y *Dendropanax arboreus* comparados con *Myrcia fenzliana* (*C. tetrastigma* y *M. fenzliana* (H=3,39; p=0,007); *D. arboreus* y *M. fenzliana* (H=3,35; p=0,008)). Por tanto, los árboles muestreados de *Clusia tetrastigma* y *D. arboreus* presentaron mayores áreas del tronco en comparación con los de *M. fenzliana*. No se encontraron diferencias estadísticamente significativas en cuanto al coeficiente de rugosidad.

Tabla 6. Valores de media y desviación estándar (SD) de los factores área del tronco y rugosidad de la corteza para cada especie de forófito.

Especies de forófitos	Área del tronco (m^2)		Rugosidad	
	Media	±SD	Media	±SD
Myrcia fenzliana	0,44	0,08	1,05	0,03
Coccoloba wightii	0,52	0,17	1,04	0,04
Clusia tetrastigma	0,97	0,49	1,06	0,03
Dendropanax arboreus	0,97	0,46	1,06	0,04
Brunellia comocladifolia	0,78	0,25	1,05	0,03

El análisis NMS mostró que la composición de especies varía en relación con el aumento del área del tronco, clases II y III (Fig.14). Los líquenes *Ocellularia perforata*, *O. praestans*, *O. antillensis*, *Crocynia pyxinoides, Phyllopsora parvifolia*, *Graphis rustica*, *Herpothallon rubrocinctum* y *Heterodermia leucomela*, se encontraron relacionados con árboles que presentaron las mayores áreas del tronco.

La riqueza y la cobertura de especies de líquenes aumentaron en árboles con mayores áreas del tronco, aunque este parámetro no mostró significación estadística (riqueza F=9,85; p=0,051, cobertura F=3,28; p=0,16). Sin embargo, la frecuencia de especies presentó una relación directamente proporcional con el área del tronco, donde un mayor valor de este factor representa un aumento de la frecuencia de especies (F=18,3; p=0,023).

La frecuencia de las especies de líquenes en relación con la rugosidad de la corteza no varió significativamente (F=1,08; p=0,30). En cambio, la riqueza y la cobertura de especies tuvieron una relación inversamente proporcional con este factor (riqueza:

F=7,31; p=0,03, cobertura: F=5,61; p=0,04). Por tanto, la riqueza y la cobertura de las especies disminuyen con el aumento de la rugosidad de la corteza.

Figura 14. Resultado del análisis NMS de la composición de especies de líquenes en relación con el área del tronco, Clase II: 0,44-1,07 m^2 y Clase III: ≥ 1,08 m^2. La dirección y longitud de las líneas indican el sentido y la fortaleza de la correlación con las especies de líquenes (puntos). Abreviaturas de las especies de líquenes (Tabla 1).

Los valores del porcentaje de humedad, pH y concentración de fenoles de la corteza que caracterizan a cada especie se muestran en la Tabla 7. Se encontraron diferencias significativas entre las especies *Dendropanax arboreus* y *Brunellia comocladifolia* en relación con la concentración de fenoles de la corteza (H=4,25; p=0,0002). De modo que la concentración de fenoles en *Dendropanax arboreus* (el menor valor promedio y variabilidad intraespecífica) es significativamente inferior a la presentada por *Brunellia comocladifolia*. El resto de las especies de forófitos no mostraron diferencias significativas.

Tabla 7. Valores de la media y la desviación estándar (SD) de los factores: porcentaje de humedad, pH y concentración de fenoles de la corteza para cada especie de forófito.

Especies de forófitos	**% Humedad**		**pH**		**Fenoles (mg/g)**	
	Media	**±SD**	**Media**	**±SD**	**Media**	**±SD**
Myrcia fenzliana	44,92	2,52	5,87	0,90	1,87	0,76
Coccoloba wightii	64,71	1,67	5,45	0,52	1,48	0,39
Clusia tetrastigma	54,71	13,21	5,04	0,33	1,15	0,65
Dendropanax arboreus	59,95	6,99	4,91	0,06	0,49	0,14
Brunellia comocladifolia	60,48	7,75	4,66	0,43	6,35	2,05

En cuanto a los minerales inorgánicos, el calcio (Ca) fue el de mayor concentración entre los elementos esenciales. De los oligoelementos, el hierro (Fe) fue el que se encontró en mayor concentración en la corteza de las cinco especies de forófitos (Tablas 8 y 9). *Coccoloba wrightii* presentó el mayor valor de concentración de minerales en su corteza y *Dendropanax arboreus* fue el de menor valor. El contenido de cenizas de la corteza fue mayor en *D. arboreus* (Tabla 10).

Tabla 8. Concentraciones de elementos esenciales (mg/g) en la corteza de las cinco especies de forófitos. Calcio (Ca), potasio (K), magnesio (Mg). SD: desviación estándar.

Especies	Ca		K		Mg	
	Media	**±SD**	**Media**	**±SD**	**Media**	**±SD**
Myrcia fenzliana	3,69	2,29	0,07	0,03	0,37	0,31
Coccoloba wightii	4,67	1,89	0,89	0,83	0,81	0,19
Clusia tetrastigma	5,21	3,78	0,04	0,03	0,24	0,12
Dendropanax arboreus	1,94	1,53	0,07	0,02	0,53	0,09
Brunellia comocladifolia	2,97	1,47	0,67	0,83	0,91	0,78

Tabla 9. Concentraciones de oligoelementos (mg/g) en la corteza de las cinco especies de forófitos. Cobre (Cu), hierro (Fe), manganeso (Mn), molibdeno (Mo), zinc (Zn). SD: desviación estándar. Myr-fenz: *Myrcia fenzliana*, Coc-wrig: *Coccoloba wrightii*, Clu-tetr: *Clusia tetrastigma*, Den-arbo: *Dendropanax arboreus* y Bru-como: *Brunellia comocladifolia*.

Especies	Cu		Fe		Mn		Mo		Zn	
	Media	**±SD**	**Media**	**±SD**	**Media**	**±SD**	**Media**	**±SD**	**Media**	**±SD**
Myr-fenz	0,010	0,002	0,93	0,72	0,09	0,07	$0,3.10^{-3}$	$0,12.10^{-5}$	0,006	$0,9.10^{-3}$
Coc-wrig	0,009	0,001	0,60	0,13	0,06	0,01	$0,5.10^{-3}$	$0,17.10^{-3}$	0,004	$0,2.10^{-2}$
Clu-tetr	0,004	0,001	0,60	0,33	0,06	0,03	$0,3.10^{-3}$	$0,2\ .10^{-3}$	0,004	$0,4.10^{-2}$
Den-arbo	0,006	0,001	0,31	0,18	0,03	0,02	$0,2.10^{-3}$	$0,14.10^{-3}$	0,005	$0,3.10^{-2}$
Bru-como	0,006	0,004	1,69	0,73	0,16	0,07	$0,2.10^{-3}$	$0,75.10^{-4}$	0,003	$0,1.10^{-2}$

Tabla 10. Contenido de cenizas de la corteza (mg/g) en las cinco especies de forófitos. SD: desviación estándar.

Especies de forófitos	Contenido de cenizas mg/g		% Cenizas
	Media	**±SD**	
Myrcia fenzliana	0,02	0,013	0,63
Coccoloba wrightii	0,07	0,016	0,64
Clusia tetrastigma	0,06	0,032	0,59
Dendropanax arboreus	0,12	0,066	0,74
Brunellia comocladifolia	0,12	0,088	0,61

De los factores porcentaje de humedad, concentración de minerales, contenido de cenizas, pH y concentración de fenoles de la corteza, este último fue el que tuvo influencia sobre la variación en la composición de líquenes corticícolas (Fig. 15). *Ocellularia terebrata*, *Thelotrema neei, Pyrenula andina*, *Hypotrachyna livida*, *Cryptothecia striata*, *Trypethelium subcatervarium* y *Parmotrema tinctorum* estuvieron relacionadas con altos niveles de concentración de fenoles de la corteza. Las especies *Herpothallon rubrocinctum*, *Ocellularia praestans*, *O. perforata*, *O. dolichotata*, *O.antillensis, Porina mastoidea*, *Pyrenula santensis*, *Crocynia pyxinoides*, *Phyllopsora buettneri*, *Graphis rustica*, *G. elegans* y *Heterodermia leucomela* también mostraron relación con este factor, aunque con menos fortaleza en la correlación.

La especie de forófito *Brunellia comocladifolia* fue el forófito que exhibió los mayores valores de concentración de fenoles, influyendo en la distribución de las especies de líquenes. *Dendropanax arboreus*, *Clusia tetrastigma* y *Coccoloba wrightii* mostraron mayor similitud en cuanto a las característica químicas de la corteza.

Se encontró una relación inversamente proporcional entre la riqueza de líquenes y el pH de la corteza (F=10,43; p=0,048). De manera que el número de especies disminuyó con el aumento del valor de pH de la corteza. No se encontraron diferencias estadísticamente significativas en cuanto a las variables riqueza, frecuencia y cobertura de líquenes con la variación de los factores porcentaje de humedad, concentración de minerales, contenido de cenizas y concentración de fenoles de la corteza (Tabla 11).

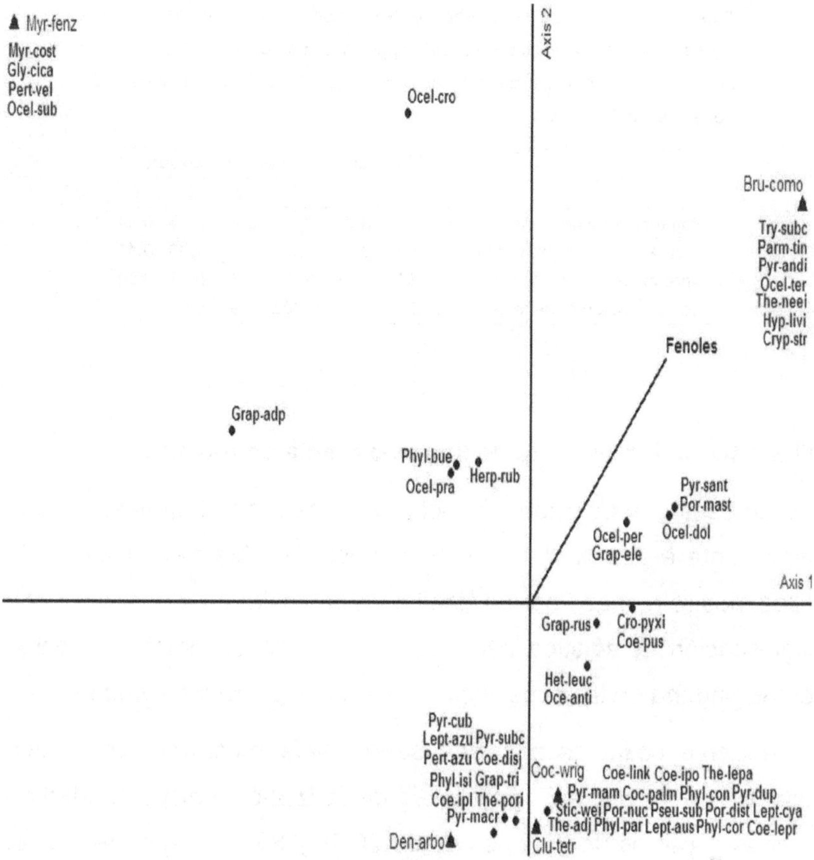

Figura 15. Resultado del análisis CCA de la composición de especies en relación con el porcentaje de humedad y la química de la corteza. La dirección y longitud de la línea indica el sentido y la fortaleza de la correlación con las especies de líquenes (puntos) y con las especies de forófitos (triángulos). Myr-fenz: *Myrcia fenzliana*, Coc-wrig: *Coccoloba wrightii*, Clu-tetr: *Clusia tetrastigma*, Den-arbo: *Dendropanax arboreus* y Bru-como: *Brunellia comocladifolia*. Abreviaturas de las especies de líquenes (Tabla 1).

Tabla 11. Valores de la prueba de Regresión lineal entre las variables riqueza, frecuencia y cobertura de especies y los factores porcentaje de humedad, concentración de minerales, contenido de cenizas y concentración de fenoles de la corteza.

Variables	Riqueza		Frecuencia		Cobertura	
	F	p	F	p	F	p
Porcentaje de humedad	1,76	0,27	2,48	0,21	0,76	0,44
Concentración de minerales	1,53	0,34	2,78	0,19	1,03	0,41
Contenido de cenizas	1,81	0,29	2,06	0,25	0,61	0,54
Concentración de fenoles	0,0002	0,98	0,002	0,96	0,33	0,6

III.5 Asociación especie de liquen-especie de forófito

Se encontró asociación en ocho especies de líquenes, lo que representa el 6,2 % del total de especies (Tabla 12). Ninguna de ellas mostró rechazo por un forófito en particular (valor negativo con significación estadística del índice C). No se encontró asociación entre ninguna de las especies de líquenes y *Coccoloba wrightii*.

Myriotrema costaricese y *Pertusaria velata* mostraron asociación con *Myrcia fenzliana*. El porcentaje de utilización y disponibilidad en ambas especies de líquenes es de 20 % y 80 %, respectivamente. Para el resto de los forófitos el porcentaje de utilización es nulo. *Myriotrema costaricese* no solo fue exclusiva de esta especie de forófito, sino que mostró el mayor valor de cobertura relativa.

Las especies *Coenogonium leprieurii*, *Porina nucula* y *Pyrenula mamillana* mostraron asociación con *Clusia tetrastigma*. En los tres casos coinciden los porcentajes de utilización y disponibilidad de forófitos (20 % utilizado y 80 % disponible para *C. tetrastigma*; 0 % utilizado y 100% disponible para el resto de las especies de forófitos).

Tabla 12. Valores del índice C para los líquenes que mostraron asociación por una especie de forófito.

Especies	*Myrcia fenzliana*	*Clusia tetrastigma*	*Dendropanax arboreus*	*Brunellia comocladifolia*
Coenogonium disjunctum	-	-	0,28	-
Coenogonium leprieuri	-	0,28	-	-
Myriotrema costaricense	0,28	-	-	-
Ocellularia terebrata	-	-	-	0,30
Pertusaria velata	0,28	-	-	-
Porina nucula	-	0,28	-	-
Pyrenula mamillana	-	0,28	-	-
Thelotrema neei	-	-	-	0,30

Coenogonium disjunctum mostró asociación con *Dendropanax arboreus* con los siguientes datos: 20 % utilizado y 80 % disponible para esta especie de forófito; para el resto de las especies fue 0 % utilizado y 100 % disponible. *Ocellularia terebrata* y *Thelotrema neei* resultaron significativamente asociadas a *Brunellia comocladifolia*. El porcentaje de utilización y disponibilidad en ambas es de 22,2 % y 77,8 %, respectivamente. Para el resto de las especies de forófitos el porcentaje de utilización es nulo.

III.6 Composición, riqueza, frecuencia y cobertura de líquenes en relación con la exposición cardinal de la ladera y la cobertura del dosel

Los valores de riqueza, frecuencia y cobertura de las especies de líquenes en cada una de las exposiciones cardinales de las laderas se muestran en la Tabla 13. La ladera norte fue la que mostró árboles con mayor riqueza, frecuencia y cobertura de especies. No obstante, no se encontraron diferencias significativas en cuanto a la riqueza, frecuencia y cobertura de especies de líquenes entre las laderas (riqueza: H=2,0; p=0,37, frecuencia: H=2,02; p=0,36, cobertura: H=4,96; p=0,08).

Tabla 13. Riqueza, frecuencia (F) y cobertura (C) (cm^2) de especies de líquenes en las tres exposiciones cardinales de las laderas en la pluvisilva montana.

Especies	Norte		Sur		Oeste	
	F	C	F	C	F	C
Coccocarpia palmicola	1	24	0	0	0	0
Coenogonium disjunctum	0	0	2	54	0	0
Coenogonium interplexum	0	0	1	48	0	0
Coenogonium interpositum	1	30	0	0	0	0
Coenogonium leprieurii	0	0	1	18	1	72
Coenogonium linkii	0	0	0	0	1	48
Coenogonium pusillum	0	0	4	288	0	0
Crocynia pyxinoides	8	462	1	90	4	486
Cryptothecia striata	1	60	0	0	0	0
Glyphis cicatricosa	0	0	0	0	1	114
Graphis adpressa	0	0	2	54	2	36
Graphis elegans	0	0	1	96	1	30
Graphis rustica	3	684	0	0	0	0
Graphis triticea	0	0	1	84	0	0
Herpothallon rubrocinctum	7	792	2	108	4	90
Heterodermia leucomela	2	48	3	144	1	30
Hypotrachyna livida	1	12	0	0	0	0
Leptogium austroamericanum	2	72	1	132	2	30
Leptogium azureum	0	0	1	12	0	0
Leptogium cyanescens	0	0	1	12	0	0
Myriotrema costaricense	1	216	1	216	0	0
Ocellularia antillensis	2	132	0	0	2	126
Ocellularia crocea	2	456	0	0	0	0
Ocellularia dolichotata	1	54	0	0	1	18
Ocellularia perforata	1	90	2	90	0	0
Ocellularia praestans	7	522	0	0	4	372
Ocellularia subpraestans	0	0	0	0	1	60
Ocellularia terebrata	2	114	0	0	0	0
Parmotrema tinctorum	1	72	0	0	0	0
Pertusaria azulensis	0	0	1	6	0	0
Pertusaria velata	1	24	1	24	0	0
Phyllopsora buettneri	3	402	4	102	1	216
Phyllopsora confusa	0	0	2	48	0	0
Phyllopsora corallina	2	264	1	48	3	300
Phyllopsora isidiotyla	0	0	1	54	0	0
Phyllopsora parvifolia	3	150	1	18	5	960
Porina distans	3	150	2	54	7	666
Porina mastoidea	4	474	0	0	5	366
Porina nucula	0	0	2	48	0	0
Pseudopyrenula subnudata	1	78	1	48	3	96

Tabla 13. Continuación

Especies	Norte	Sur	Oeste			
	F	C	F	C	F	C
Pyrenula cubana	0	0	1	36	0	0
Pyrenula duplicans	1	456	0	0	0	0
Pyrenula macrocarpa	0	0	1	144	1	6
Pyrenula santensis	1	120	0	0	1	24
Pyrenula subcongruens	0	0	1	18	0	0
Pyrenulla mamillana	0	0	1	24	1	42
Sticta weigelii	1	36	1	66	0	0
Thelotrema adjectum	1	690	0	0	0	0
Thelotrema lepadinum	1	96	0	0	0	0
Thelotrema neei	2	120	0	0	0	0
Thelotrema porinoides	0	0	1	24	0	0
Trypethelium subcatervarium	0	0	0	0	1	48
Totales	**69**	**7206**	**41**	**2028**	**57**	**4410**
Riqueza de especies		**32**		**27**		**26**

La composición de especies varió en relación con la orientación de la ladera, mostrando segregación de especies hacia la ladera con exposición sur (Fig. 16). La distribución de las especies *Pyrenula cubana*, *Pyrenula subcongruens*, *Coenogonium interplexum*, *Coenogonium disjunctum*, *Thelotrema porinoides*, *Graphis triticea*, *Leptogium azureum*, *Phyllopsora isidiotyla* y *Pertusaria azulensis* estuvo más influida por la ladera sur. Aunque, la mayoría de las especies no mostraron relación en su distribución con esta ladera.

En cuanto al índice de Disimilitud Proporcional tenemos que la mayor diversidad beta se encontró entre las laderas norte y sur (0,67). La menor disimilitud la mostraron las laderas norte y oeste (0,48). En el análisis de los componentes de la diversidad beta, según el índice β_{cc}, se encontró que el recambio de especies (β_{-3}) fue el que más contribuyó a las disimilitudes entre los ensambles de líquenes de las tres laderas. El análisis de la diversidad beta producto de patrones de anidamiento (β_{nes}) mostró valores del índice entre 0 y 0,9 (Tabla 14).

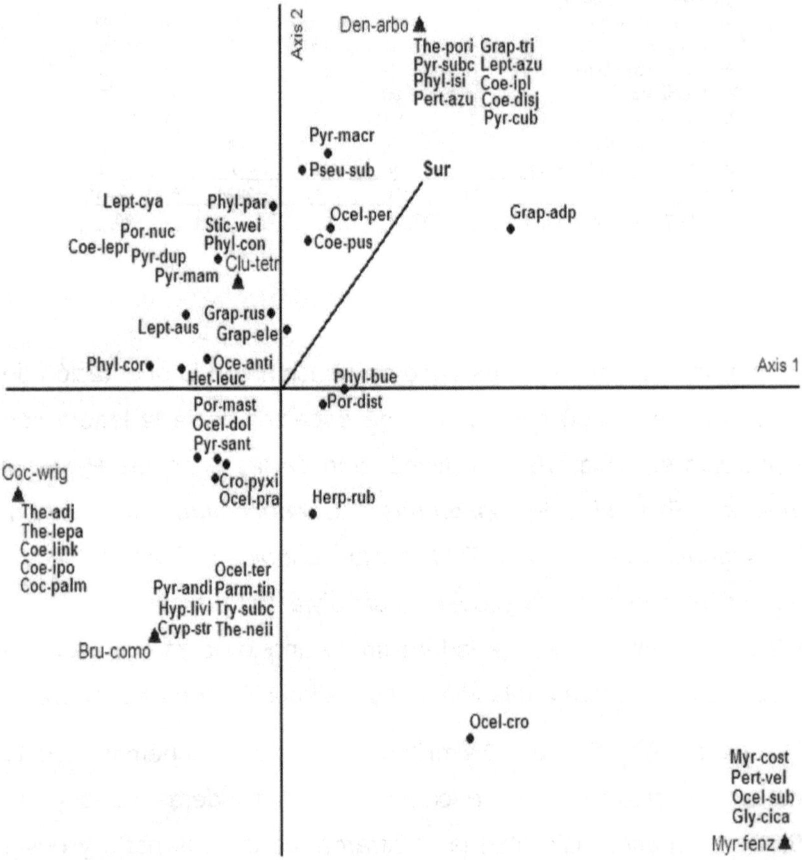

Figura 16. Resultado del análisis CCA de la composición de especies de líquenes en relación con la exposición cardinal de la ladera. La dirección y longitud de la línea indica el sentido y la fortaleza de la correlación con las especies de líquenes (puntos) y con las especies de forófitos (triángulos). Myr-fenz: *Myrcia fenzliana,* Coc-wrig: *Coccoloba wrightii*, Clu-tetr: *Clusia tetrastigma*, Den-arbo: *Dendropanax arboreus* y Bru-como: *Brunellia comocladifolia.* Abreviaturas de las especies de líquenes (Tabla 1)

Tabla 14. Valores de los índices de Disimilitud Porporcional Comunitaria (DPC) (Feinsinger, 2004), diversidad beta (β_{cc}) (Colwell y Coddington, 1994) y diversidad beta de Sørensen (β_{sor}) (Lennon *et al.*, 2001) entre las laderas con exposición cardinal norte, sur y oeste. β_{-3}: componente de la diversidad beta referida al recambio de especies, β_{rich}: componente de la diversidad beta relacionado con las diferencias en riqueza específica, β_{nes}: componente de la diversidad beta referido a patrones de anidamiento, β_{sim}: componente de la diversidad beta relacionado con el recambio de especies, índice de disimilitud de Simpson.

Laderas	Norte			Sur		
	DPC	βcc	βsor	DPC	βcc	βsor
Sur	0,67	βcc= 0,74 β-3= 0,74 βrich= 0	βsor= 0,58 βsim= 0,58 βnes= 0			
Oeste	0,48	βcc= 0,65 β-3= 0,45 βrich= 0,2	βsor= 0,48 βsim= 0,39 βnes= 0,09	0,64	βcc= 0,65 β-3= 0,45 βrich= 0,2	βsor= 0,48 βsim= 0,39 βnes= 0,09

En el análisis de anidamiento se obtuvo para el coeficiente NODF un valor de 49,14. En el cálculo del coeficiente NODF por columnas y filas los valores obtenidos fueron 55,05 y de 49,13, respectivamente. El tamaño del efecto estandarizado (SES) fue de 0,40 y el intervalo de confianza del coeficiente se estableció como $p(47,70 \leq T \leq 49,43)=95$ %. En el caso del coeficiente *Nestedness*, la temperatura de la matriz tuvo un valor de 32,68. El intervalo de confianza resultó $p(24,29 \leq T \leq 31,52)=95$ % y para el SES el valor fue de 2,15.

La composición de líquenes no mostró patrones de segregación de especies influenciados por la cobertura del dosel en las parcelas estudiadas. Los valores de cobertura del dosel, así como, la riqueza, frecuencia y cobertura de líquenes por parcela se muestran en la Tabla 15. La parcela 2 fue la que mostró los mayores valores de riqueza, frecuencia y cobertura de líquenes. Sin embargo, estas variables no mostraron diferencias estadísticamente significativas en relación con este factor (riqueza: F=0,54; p=0,13, frecuencia: F=0,49; p=0,17, cobertura: F=0,2; p= 0,61). La parcela 6 tuvo el mayor valor de cobertura del dosel y la parcela 1 el menor valor (Tabla 15). No obstante, no se encontraron diferencias estadísticamente significativas entre los valores de cobertura del dosel (H=8,0; p=0,43).

Tabla 15. Valores de riqueza, frecuencia y cobertura de especies de líquenes en relación con la cobertura del dosel.

Parcelas (P)	**P1**	**P2**	**P3**	**P4**	**P5**	**P6**	**P7**	**P8**	**P9**
Riqueza	12	19	10	11	16	17	9	15	12
Frecuencia	14	27	10	19	26	23	18	16	19
Cobertura	1452	3198	642	1536	2208	1896	996	564	822
Cobertura del dosel (%)	70,74	83,55	82,88	80,87	82,12	86,35	77,83	81,842	84,318

III.7 Composición, riqueza y frecuencia de líquenes corticícolas en un gradiente vertical de altura y en relación con la arquitectura del forófito

La composición de líquenes corticícolas sobre las cinco especies de forófitos, muestreados desde la base del tronco hasta las ramas externas de la copa, se relaciona en la Tabla 16. Se encontraron 115 especies, las cuales pertenecen a 43 géneros de 24 familias. Las familias con mayor número de especies fueron *Graphidaceae* (20), *Parmeliaceae* (16) y *Thelotremataceae* (13).

Tabla 16. Lista de especies y tipos de reproducción de los líquenes encontrados en el gradiente vertical en las cinco especies de forófitos. E: esporas; S: estéril; I: isidios; So: soredios.

Especies de líquenes	Reproducción
Arthonia lecytidicola	E
Arthonia orbygniae	E
Arthothelium spectabile	E
Cryptotecia striata	S
Herpothallon rubrocinctum	S
Mycomicrothelia punctata	E
Mycomicrothelia subfallens	E
Dictyonema glabratum	E
Phyllopsora buettneri	E
Phyllopsora corallina	I
Phyllopsora furfuracea	E
Phyllopsora parvifolia	E
Brigantiaea leucoxantha	E
Byssoloma leucoblepharum	E
Chrysotrix candelaris	S
Coccocarpia palmicola	I
Coenogonium disjunctum	E
Coenogonium interplexum	E
Coenogonium interpositum	E
Coenogonium leprieurii	E
Coenogonium linkii	E
Coenogonium pusillum	E
Leptogium austroamericanum	I
Leptogium azureum	E
Leptogium cyanescens	I
Leptogium marginellum	E
Crocynia pyxinoides	S
Diorygma hieroglyphicum	E
Diorygma poitaei	E
Fissurina dumastoides	E
Fissurina incrustans	E
Graphis acharii	E
Graphis adpressa	E
Graphis anfractuosa.	E
Graphis antillarum	E
Graphis chlorocarpa	E
Graphis chrysocarpa	E

Especies de líquenes	Reproducción
Graphis descuamescens	E
Graphis flexibilis	E
Graphis humilis	E
Graphis illinata	E
Graphis imshaugii	E
Graphis macella	E
Graphis rhizocola	E
Graphis rustica	E
Platythecium grammitis	E
Sarcographa difformis	E
Anisomeridium americanum	E
Anisomeridum ambiguun	E
Canoparmelia caroliniana	I
Hypotrachyna costaricensis	S
Hypotrachyna leariloba	S
Hypotrachyna livida	S
Hypotrachyna lopezii	So
Hypotrachyna subphysodalica	So
Parmotrema crinitum	So
Parmotrema cristiferum	So
Parmotrema hypotropum	So
Parmotrema michauxianum	S
Parmotrema ticntorum	S
Parmotrema xanthinum	So
Rimelia cetrata	S
Rimelia reticulata	S
Usnea hirta	I
Usnea rubicunda	S
Pertusaria albescens	E
Pertusaria amara	So
Pertusaria azulensis	E
Pertusaria pustulata	E
Pertusaria rubefacta	E
Pertusaria tetrathalamia	E
Pertusaria texana	E
Pertusaria xanthodes	E

Tabla 16. Continuación

Especies de líquenes	Reproducción	Especies de líquenes	Reproducción
Heterodermia leucomela	S	*Teloschistes exilis*	So
Heterodermia obscurata	So	*Myriotrema costarisensis*	E
Physcia atrostriata	So	*Myriotrema microporellum*	E
Physcia lopezii	E	*Ocellularia antillensis*	E
Porina americana	E	*Ocellularia chiriquiensis*	E
Porina conspersa	E	*Ocellularia crocea*	E
Porina distans	I	*Ocellularia dolichotata*	E
Porina mastoidea	E	*Ocellularia perforata*	E
Porina nucula	E	*Ocellularia praestans*	E
Porina rudiuscula	E	*Ocellularia xanthostroma*	E
Lithothelium illotum	E	*Stegobolus subemersus*	E
Anthracothecium macrosporum	E	*Thelotrema adjectum*	E
Pyrenula dermatodes	E	*Thelotrema lepadinum*	E
Pyrenula macrocarpa	E	*Thelotrema occlusum*	E
Pyrenula mastophoroides	E	*Architrypethelium hyalinum*	E
Pyrenula santesis	E	*Megalotremis biocellata*	E
Pyrenula subcongruens	E	*Megalotremis lateralis*	E
Ramalina stenospora	E	*Polymeridium quinqueseptatum*	E
Lepraria lobificans	S	*Polymeridium subcinereum*	E
Sticta beauvoisii	I	*Pseudopyrenula subnudata*	E
Sticta weigelii	I	*Trypethelium subcatervarium*	E

Los líquenes crustáceos predominaron en todas las zonas de altura (Fig. 17). El número de especies con biotipo foliáceo aumentó hacia las zonas II, III y IV. Los líquenes con biotipos escuamuloso y filamentoso prevalecieron en las zonas I y II. Las especies fruticulosas se encuentran restringidas a las zonas III y IV, con mayor frecuencia en esta última.

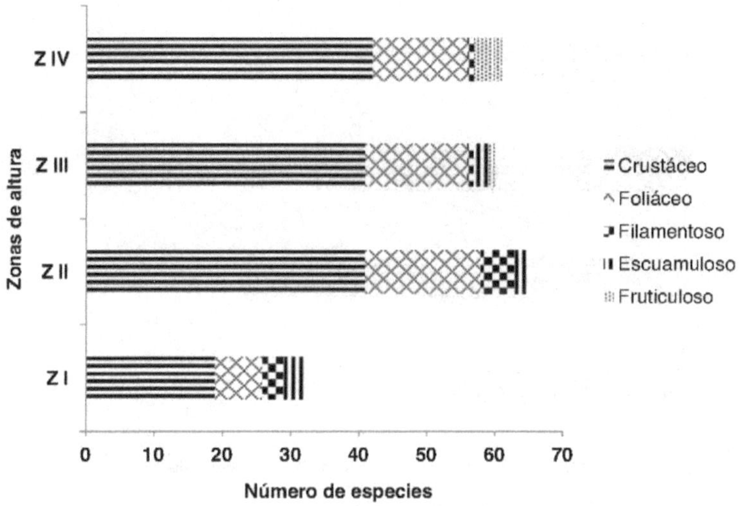

Figura 17. Riqueza de especies por biotipos en las cuatro zonas (Z) de altura.

En cuanto a las estrategias reproductivas, las especies con reproducción sexual predominaron en todas las zonas. Los líquenes con reproducción vegetativa (isidios o soredios) aumentaron su número hacia las zonas II, III y IV (Fig. 18). La proporción de las especies con reproducción vegetativa respecto a los líquenes con reproducción sexual en las cuatro zonas de altura (0,30; 0,40; 0,36; 0,41) no varía significativamente (H= 3,0; p= 0,39). Las especies estériles, predominaron hacia los estratos inferiores, especialmente en la zona I. No se encontraron especimenes con dos tipos de reproducción en el mismo talo.

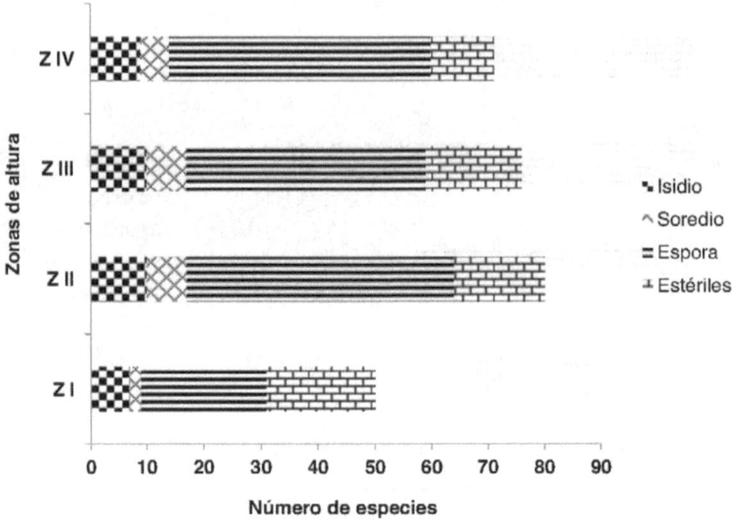

Figura 18. Riqueza de especies por tipo de reproducción en las cuatro zonas (Z) de altura.

La composición de líquenes mostró variación en relación con las cuatro zonas de altura (Fig. 19). Se encontró un patrón de segregación de especies hacia las zonas I y IV, sin embargo, las zonas II y III no mostraron diferencias en la distribución de las especies. Los valores de riqueza y frecuencia de líquenes entre las zonas se muestran en la Tabla 17. No se encontraron diferencias significativas en cuanto a estas variables entre las zonas (riqueza H=4,0; p=0,41, frecuencia H=4,0; p=0,41). De todas las especies registradas, 83 (72,2 %) se hallaron exclusivamente por encima de los 2 m de altura.

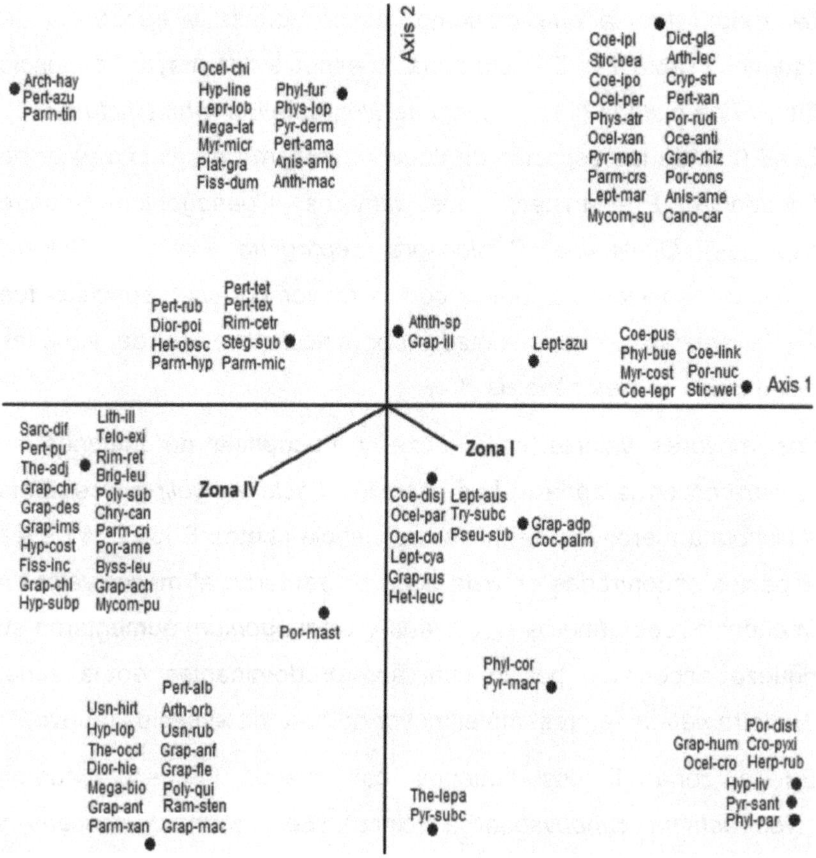

Figura 19. Resultados del análisis NMS de composición de especies de líquenes en las cuatro zonas de altura. La dirección y longitud de las líneas indican el sentido y la fortaleza de la correlación con las especies de líquenes (puntos). Abreviaturas de las especies de líquenes (Tabla 1).

La zona I fue la que presentó menor riqueza y frecuencia de líquenes (Tabla 17). En esta zona, la especie con mayor frecuencia fue *Porina distans* (11), seguida de *Herpothallon rubrocinctum* (10). El 46,9 % de las especies de líquenes tuvieron el mínimo valor de frecuencia. Predominaron los géneros *Coenogonium* (cuatro especies), *Ocellularia*, *Phyllopsora*, *Leptogium*, *Porina* y *Graphis* con tres especies. La familia con la mayor riqueza específica fue *Thelotremataceae* representada por cinco especies de líquenes distribuidas en tres géneros.

Los mayores valores de riqueza y frecuencia de líquenes se registraron en la zona II. Las especies *Sticta weigelii* y *Ocellularia dolichotata* fueron las de mayor frecuencia (siete). El 56,9 % de las especies encontradas en esta zona presentaron el menor valor de frecuencia. Los géneros *Ocellularia* y *Coenogonium* aumentaron su riqueza específica, por lo cual son predominantes en la zona. *Thelotremataceae* presentó el mayor número de especies (nueve).

En la zona III, los líquenes con mayor frecuencia fueron *Hypotrachyna subphysodalica* (cinco), *Leptogium cyanescens* y *Parmotrema tinctorum* (cuatro). El 60 % de los líquenes presentaron el valor mínimo de frecuencia. *Graphis* y *Pertusaria* son los géneros con mayor riqueza específica (6). En esta zona, predomina la familia *Graphidaceae* con 11 especies distribuidas en cuatro géneros, le continúa en importancia *Parmeliaceae* con nueve especies pertenecientes a tres géneros.

Tabla 17. Riqueza y frecuencia de especies de líquenes por zonas de altura en las cinco especies de forófitos.

Especies de líquenes	I	II	III	IV
Anisomeridium americanum	0	1	0	0
Anisomeridum ambiguun	0	1	2	0
Anthracothecium macrosporum	0	1	1	0
Architrypethelium hyalinum	0	0	1	0
Arthonia lecytidicola	0	1	0	0
Arthonia orbygniae	0	0	0	1
Arthothelium spectabile	0	2	0	3
Brigantiaea leucoxantha	0	0	2	5
Byssoloma leucoblepharum	0	0	1	2
Canoparmelia caroliniana	0	2	0	0
Chrysotrix candelaris	0	0	3	2
Coccocarpia palmicola	1	6	0	1
Coenogonium disjunctum	2	2	2	2
Coenogonium interplexum	0	1	0	0
Coenogonium interpositum	0	1	0	0
Coenogonium leprieurii	2	2	0	0
Coenogonium linkii	1	2	0	0
Coenogonium pusillum	2	2	0	0
Crocynia pyxinoides	4	0	0	0
Cryptotecia striata	0	1	0	0
Dictyonema glabratum	0	1	0	0
Diorygma hieroglyphicum	0	0	0	1
Diorygma poitaei	0	1	1	3
Fissurina dumastioides	0	1	1	0
Fissurina incrustans	0	0	1	1
Graphis acharii	0	0	2	3
Graphis adpresa	2	1	0	1
Graphis anfractuosa	0	0	0	1
Graphis antillarum	0	0	0	1
Graphis chlorocarpa	0	0	1	1
Graphis chrysocarpa	0	0	1	1
Graphis descuamescens	0	0	1	1
Graphis flexibilis	0	0	0	1
Graphis humilis	1	0	0	0
Graphis illinata	0	1	0	1
Graphis imshaugii	0	0	1	1
Graphis macella	0	0	0	1
Graphis rhizocola	0	2	0	0
Graphis rustica	2	1	3	4
Herpothallon rubrocinctum	10	5	0	0
Heterodermia leucomela	4	4	1	2
Heterodermia obscurata	0	1	1	1
Hypotrachyna costaricensis	0	0	3	2
Hypotrachyna leariloba	0	1	1	0
Hypotrachyna livida	1	0	0	0
Hypotrachyna lopezii	0	0	0	1
Hypotrachyna subphysodalica	0	0	5	4
Lepraria lobificans	0	3	1	0
Leptogium austroamericanum	5	3	1	1
Leptogium azureum	1	2	1	0
Leptogium cyanescens	1	6	4	1
Leptogium marginellum	0	1	0	0
Lithothelium illotum	0	0	1	1
Megalotremis biocellata	0	0	0	2
Megalotremis lateralis	0	2	2	0
Mycomicrothelia punctata	0	0	1	1
Mycomicrothelia subfallens	0	2	0	0
Myriotrema costarisensis	2	1	0	0
Myriotrema microporellum	0	3	1	0
Ocellularia antillensis	0	1	0	0
Ocellularia chiriquiensis	0	3	1	0
Ocellularia crocea	1	0	0	0
Ocellularia dolichotata	1	7	3	2
Ocellularia perforata	0	2	0	0
Ocellularia praestans	2	2	3	1
Ocellularia xanthostroma	0	1	0	0
Parmotrema crinitum	0	0	1	2
Parmotrema cristiferum	0	1	0	0
Parmotrema hypotropum	0	2	1	1
Parmotrema michauxianum	0	1	2	1
Parmotrema ticntorum	0	0	4	0
Parmotrema xanthinum	0	0	0	1
Pertusaria albescens	0	0	0	1
Pertusaria amara	0	1	1	0
Pertusaria azulensis	0	0	2	0
Pertusaria pustulata	0	0	3	4
Pertusaria rubefacta	0	1	2	1
Pertusaria tetrathalamia	0	1	1	2
Pertusaria texana	0	1	2	1
Pertusaria xanthodes	0	1	0	0

Tabla 17. Continuación

Especies de líquenes	I	II	III	IV
Phyllopsora buettneri	6	1	0	0
Phyllopsora corallina	2	0	1	0
Phyllopsora furfuracea	0	1	1	0
Phyllopsora parvifolia	5	0	0	0
Physcia atrostriata	0	1	0	0
Physcia lopezii	0	1	1	0
Platythecium grammitis	0	1	1	0
Polymeridium quinqueseptatum	0	0	0	2
Polymeridium subcinereum	0	0	1	3
Porina americana	0	0	2	1
Porina conspersa	0	1	0	0
Porina distans	11	3	1	0
Porina mastoidea	4	0	2	1
Porina nucula	1	3	0	0
Porina rudiuscula	0	2	0	0
Pseudopyrenula subnudata	3	1	3	1
Pyrenula dermatodes	0	1	1	0
Pyrenula macrocarpa	1	0	2	0
Pyrenula mastophoroides	0	1	0	0
Pyrenula santesis	1	0	0	0
Pyrenula subcongruens	1	0	0	2
Ramalina stenospora	0	0	0	3
Rimelia cetrata	0	1	1	1
Rimelia reticulata	0	0	1	1
Sarcographa difformis	0	0	1	2
Stegobolus subemersus	0	3	2	1
Sticta beauvoisii	0	3	0	0
Sticta weigelii	1	7	0	0
Teloschistes exilis	0	0	1	1
Thelotrema adjectum	0	0	1	1
Thelotrema lepadinum	1	0	0	1
Thelotrema occlusum	0	0	0	2
Trypethelium subcatervarium	1	1	2	1
Usnea hirta	0	0	0	2
Usnea rubicunda	0	0	0	2
Riqueza	**32**	**65**	**60**	**61**
Frecuencia	**83**	**124**	**98**	**100**

Brigantiaea leucoxantha mostró el mayor valor de frecuencia (cinco) en la zona IV, le continúan *Hypotrachyna subphysodalica*, *Pertusaria pustulata* y *Graphis rustica* (cuatro). El 59,7 % de las especies presentaron el menor valor de frecuencia. El género *Graphis* (12) es el de mayor número de especies. Las familias *Graphidaceae* (16) y *Parmeliaceae* (11) aumentan la diversidad de especies siendo dominantes en esta zona.

De manera general, la frecuencia de los líquenes dominantes disminuye mientras que la frecuencia total de especies aumenta desde la zona I hacia la zona IV. Asimismo, el porcentaje de especies con el valor mínimo de frecuencia aumenta hacia la zona

IV. Los géneros *Ocellularia*, *Coenogonium* y *Phyllopsora* presentaron mayor riqueza y frecuencia hacia las zonas I y II del árbol mientras que *Graphis*, *Parmotrema* y *Pertusaria* aumentan estas variables hacia las zonas III y IV. La familia *Thelotremataceae* aumenta su riqueza y frecuencia de líquenes hacia la base del árbol, en tanto *Graphidaceae* y *Parmeliaceae* lo hacen hacia los estratos superiores.

Los valores de diversidad beta entre las zonas de altura se muestran en la Tabla 18. En cuanto al índice de Disimilitud Proporcional se obtuvo que el mayor valor se presentó entre las zonas I y IV (0,82), así como la menor diversidad beta se encontró entre las zonas III y IV (0,45). Se observa una tendencia a que las zonas consecutivas muestren menor disimilitud entre ellas.

En el análisis de los componentes de la diversidad beta (β_{cc}) se encontró que el recambio de especies (β_{-3}) es el componente que más contribuye a las disimilitudes entre los ensambles de líquenes, excepto para los ensambles de líquenes entre las zonas I y II. Para estas dos zonas el componente que predominó fue el de diferencias en riqueza de especies (β_{rich}) con un valor de 0,43. El recambio de especies (β_{-3}) alcanza su valor máximo entre las zonas II y IV con un valor de 0,75 (Tabla 18).

La diversidad beta producto a patrones de anidamiento (β_{nes}) mostró la mayor disimilitud entre las zonas I y II. En el resto de las zonas el índice osciló entre 0,01 y 0,15. Para este índice de diversidad también predominó el recambio de especies (β_{sim}), cuyo valor más alto fue de 0,64 entre las zonas II y IV.

Tabla 18. Valores de los índices de Disimilitud Porporcional Comunitaria (DPC) (Feinsinger, 2004), diversidad beta (βcc) (Colwell y Coddington, 1994) y diversidad beta de Sørensen (βsor) (Lennon *et al.*, 2001) entre las cuatro zonas de altura. β_{-3}: componente de la diversidad beta referida al recambio de especies, β_{rich}: componente de la diversidad beta referida a las diferencias en riqueza específica, β_{nes}: componente de la diversidad beta relacionado con patrones de anidamiento, β_{sim}: componente de la diversidad beta relacionado con el recambio de especies, índice de disimilitud de Simpson.

Zonas	Z I			Z II			Z III		
	DPC	βcc	βsor	DPC	βcc	βsor	DPC	βcc	βsor
Z II	0,684	βcc= 0,72 β-3= 0,29 βrich= 0,43	βsor= 0,57 βsim= 0,34 βnes= 0,22						
Z III	0,783	βcc= 0,82 β-3= 0,45 βrich= 0,37	βsor= 0,71 βsim= 0,56 βnes= 0,15	0,628	βcc= 0,64 β-3= 0,58 βrich= 0,06	βsor= 0,47 βsim= 0,45 βnes= 0,02			
Z IV	0,823	βcc= 0,82 β-3= 0,46 βrich= 0,36	βsor= 0,70 βsim= 0,56 βnes= 0,14	0,773	βcc= 0,78 β-3= 0,75 βrich= 0,03	βsor= 0,65 βsim= 0,64 βnes= 0,01	0,452	βcc= 0,51 β-3= 0,49 βrich= 0,02	βsor= 0,34 βsim= 0,33 βnes= 0,01

En cuanto a los coeficientes de anidamiento, NODF tuvo un valor de 44,81. Los valores obtenidos por columnas y filas para dicho coeficiente fueron 52,03 y 44,81, respectivamente. El intervalo de confianza se estableció como $p(45,47 \leq T \leq 46,73)=95$ % y el tamaño del efecto estandarizado (SES) fue de -4,50. La temperatura de la matriz a través del coeficiente *Nestedness* tuvo un valor de 34,77. El intervalo de confianza resultó $p(28,12 \leq T \leq 32,88)=95$ % y el valor del SES fue de 3,81. Ambos índices tienen significación estadística al encontrarse fuera del intervalo de confianza y los valores de Z menor que -2 y mayor que 2, respectivamente.

Las variables relacionadas con la arquitectura del forófito por cada especie de árbol se resumen en la Tabla 19. Se comprobaron diferencias estadísticamente significativas en cuanto al ancho de la copa de las especies *Clusia tetrastigma* y *Brunellia comocladifolia* comparados con *Myrcia fenzliana* (H=3,69; p=0,002, H=3,00; p=0,03, respectivamente). De manera que los árboles muestreados de *Clusia tetrastigma* y *Brunellia comocladifolia* presentaron mayores dimensiones en la copa en comparación con los de *Myrcia fenzliana*, la especie de menor valor promedio. El resto de los factores no variaron significativamente entre los forófitos.

Tabla 19. Valores de la media y la desviación estándar (SD) de los factores: altura del árbol (Hf), altura de la primera ramificación (Hr), número de ramas principales (NRP) y ancho de la copa (Ac).

Especies de Forófitos	Hf (m)		Hr (m)		NRP		Ac (m)	
	Media	SD	Media	SD	Media	SD	Media	SD
Myrcia fenzliana	7,33	1,21	2,23	0,39	2,17	0,41	1,63	0,29
Coccoloba wightii	10,33	2,66	2,2	0,37	2,5	0,55	3,0	1,64
Clusia tetrastigma	10,67	3,93	1,94	0,45	2,67	0,52	5,67	1,63
Dendropanax arboreus	8,83	2,23	2,19	0,36	2,67	0,82	4,0	1,67
Brunellia comocladifolia	8,5	1,22	2,08	0,51	2,67	0,82	4,67	0,82

La composición de líquenes mostró variación respecto al ancho de la copa (Ac) y la altura del forófito (Hf) (Fig. 20). Correlacionados con estos factores se encontraron especies de los géneros *Megalotremis, Mycomicrothelia, Hypotrachyna, Fissurina*, *Graphis* y *Parmotrema*. *Clusia tetrastigma* estuvo asociada a su vez con estos factores. En cuanto a las especies de forófitos y su ubicación dentro del gráfico, se evidencia disimilitud en las características relacionadas con la arquitectura de los árboles.

La riqueza y frecuencia de líquenes mostraron una relación directamente proporcional con el factor ancho de la copa (riqueza: F=46,32; p=0,006, frecuencia: F=15,23; p=0,03). El resto de los factores de la arquitectura del forófito no mostraron tener influencia sobre la variación de la riqueza y frecuencia de líquenes sobre las especies de árboles.

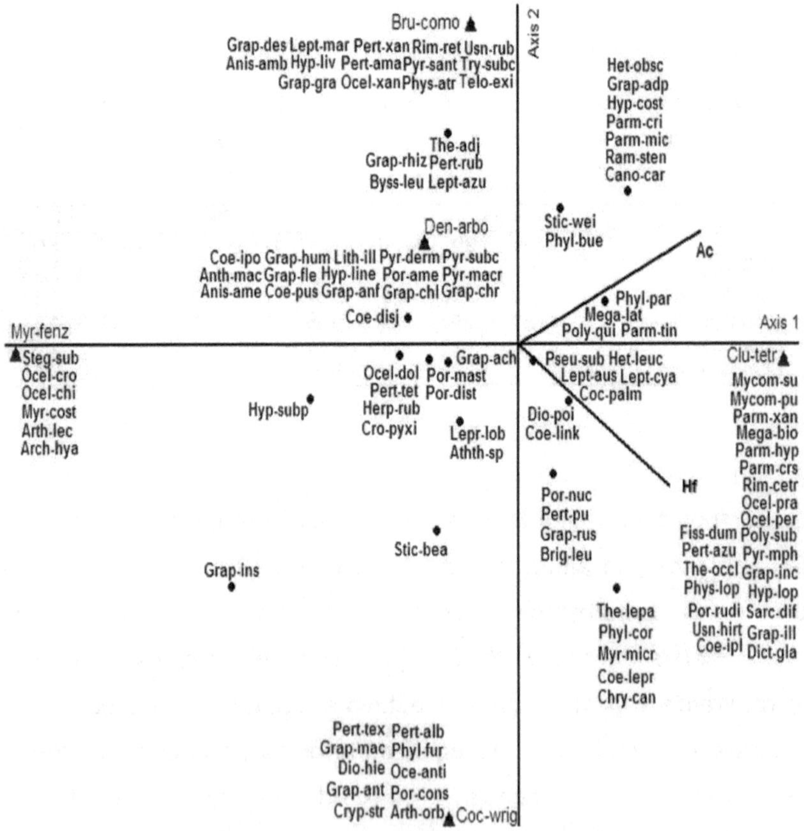

Figura 20. Resultado del análisis CCA de la composición de especies de líquenes en relación con los factores de la arquitectura del forófito. La dirección y longitud de las líneas indican el

sentido y la fortaleza de la correlación con las especies de líquenes (puntos) y con las especies de forófitos (triángulos). Ac: diámetro de la copa, Hf: altura del árbol. Myr-fenz: *Myrcia fenzliana*, Coc-wrig: *Coccoloba wrightii*, Clu-tetr: *Clusia tetrastigma*, Den-arbo: *Dendropanax arboreus* y Bru-como: *Brunellia comocladifolia*. Abreviaturas de las especies de líquenes (Tabla 1).

IV. Discusión

IV.1 Diversidad de líquenes corticícolas

El 88 % de los líquenes que constituyen nuevos registros para Cuba desarrollan el biotipo crustáceo (Tabla 1). Por lo general, las especies que presentan esta forma de crecimiento son difíciles de detectar en el campo, lo cual pudo condicionar que no hayan sido recolectadas e identificadas antes. El número de especies registradas como nuevas para Cuba en el presente trabajo, constituye un incremento del 5 % respecto al total de especies de líquenes reportadas para el país por Minter *et al.* (2002).

Los escasos trabajos sobre taxonomía, sistemática y ecología de líquenes desarrollados en el Caribe insular han limitado el conocimiento de la diversidad de especies de este grupo (Minter *et al.*, 2002; Mercado-Díaz *et al.* 2013; Mercado-Díaz, 2015). Los trabajos de recolecta se han enfocado especialmente en la familia *Graphidaceae* (Hale, 1976, 1987; Wirth y Hale, 1978). El resto de los registros de líquenes para la región se han realizado a través de revisiones de materiales de herbario (Minter *et al.*, 2001; Mercado-Díaz, 2009). Lo anterior se evidencia a través del registro de 45 especies nuevas para el Caribe insular, seis pertenecientes a cuatro géneros hallados por primera vez para la región (*Architrypethelium, Megalotremis, Rimelia* y *Stegobolus*).

Las especies del género *Rimelia* forman talos foliosos que crecen frecuentemente sobre corteza y rocas, en hábitats húmedos a elevaciones medias. En cuanto a su distribución mundial, el género es fundamentalmente pantropical, extendiéndose a zonas subtropicales y templadas (Brodo *et al,* 2001). Por las características taxonómicas y ecológicas de las especies de este género se puede afirmar que la ausencia de registros de las mismas en el Caribe insular está relacionada con la insuficiente investigación en la región.

Las especies de los géneros *Architrypethelium, Megalotremis y Stegobolus* desarrollan biotipo crustáceo y han sido registradas en bosques lluviosos, montanos y a baja altitud en América Central y América del Sur (Lücking, 1995; Komposch y Hafellner, 2000; Cáceres *et al.* 2007; Soto *et al.* 2012). Rivas Plata *et al.* (2012) encontraron que *Stegobolus* es un género polifilético dentro de *Thelotremataceae* a través de estudios sobre filogenia molecular. De igual forma, Nelsen *et al.* (2014) comprobaron que *Architrypethelium* y *Megalotremis* son grupos monofiléticos dentro de la familia *Trypetheliaceae*. La filogenia de estos géneros ha sido dilucidada, sin embargo, el conocimiento sobre sus requerimientos ecológicos es aún incompleto.

La elevada riqueza específica encontrada en las familias *Graphidaceae* y *Thelotremataceae* (Tabla 1), puede estar relacionada con el tipo de fotobionte que participa en la simbiosis (*Trentepohlia*), muy frecuente en las formaciones vegetales tropicales. De manera que el éxito en la colonización de los hábitats por estos líquenes se halla potenciado por la alta disponibilidad de dicha alga verde. La reproducción en las especies de estas familias se realiza, fundamentalmente, por esporas de origen sexual. Este tipo de diáspora puede ser propagada fácilmente por el viento, el agua y pequeños animales (moluscos, insectos), lo cual le permite llegar a una mayor cantidad de sitios.

Por otro lado, todas estas especies desarrollan talos crustáceos, lo cual constituye una ventaja adaptativa en ambientes húmedos como los bosques lluviosos montanos (Lakatos *et al.*, 2006). Según Lücking y Rivas Plata (2008), *Graphidaceae* es una de las familias de líquenes con mayor número de especies dentro del Reino Fungi. Además, muestra una gran amplitud ecológica, ocupando diversos tipos de hábitats (Wirth y Hale, 1978). Los resultados en este estudio coinciden con los obtenidos por Komposch y Hafellner (2000) en cuanto a las familias con mayor riqueza específica, aunque difieren en las identidades de las especies encontradas.

Según Frisch *et al.* (2006), la familia *Thelotremataceae* constituye un componente importante de la biota liquénica epifítica de los bosques montanos, tiende a decrecer en la vegetación xeromorfa y en bosques a bajas altitudes. Coppins y Wolseley (2002) destacan a esta familia como una de las dominantes en los estratos bajos de los bosques tropicales. La presencia de especies de *Thelotremataceae* ha sido asociada a ecosistemas poco perturbados y es rara en la vegetación secundaria o antropogénica (Rivas Plata *et al.*, 2007). La presencia de numerosas especies de la familia *Thelotremataceae* sugiere que las áreas muestreadas se encuentran en buen estado de conservación. La pluvisilva montana de la Gran Piedra ha tenido un largo período de recuperación después del abandono de los cafetales en 1875. El método de cultivo de los cafetos empleado por los colonos franceses (cafetal con sombra poliespecífica) permitió que, una vez abandonada esta práctica en la zona, las especies autóctonas de esta formación vegetal que quedaron en los relictos de bosque volvieran a colonizar las áreas ocupadas por los cafetales, iniciándose así una sucesión ecológica.

Los líquenes con biotipo crustáceo fueron los más frecuentes (Tabla 1), lo cual está relacionado con la elevada humedad del ambiente. Lakatos *et al.* (2006) encontraron que esta forma de crecimiento, fuertemente adherida al sustrato, deja escurrir más eficientemente el flujo de agua procedente de las ramas superiores del árbol. Según Sipman (1996), el biotipo crustáceo es la forma predominante en los bosques tropicales, lo cual ha sido comprobado en numerosos trabajos en estas formaciones vegetales (Wolseley y Aguirre-Hudson, 1997b; Komposch y Hafellner, 2000; Cáceres *et al.*, 2008; Soto *et al.*, 2012).

A pesar de que las especies con biotipo foliáceo y fruticuloso no alcanzaron una alta diversidad, la morfología de estas formas de crecimiento les permite un establecimiento exitoso dentro de la formación vegetal. El talo de estos líquenes presenta una mayor área de contacto con el ambiente, por lo que la pérdida del exceso de agua se realiza fácilmente. Además, la disposición sobre el sustrato les permite la hidratación del talo solo con una elevada humedad relativa (por encima del 80 %), sin necesidad del agua líquida. Según Büdel *et al.* (2013), estas adaptaciones fisiológicas de los líquenes son vitales para mantener la relación fotosíntesis/respiración en niveles óptimos. Nash (1996) planteó que las especies de dichos biotipos tienden a incrementarse hacia bosques montanos en comparación con formaciones vegetales a baja altitud, debido a las ventajas adaptativas antes mencionadas, lo cual coincide con los resultados obtenidos.

En relación con la forma de crecimiento filamentosa, muchas de las especies del género *Coenogonium* desarrollan este biotipo, el cual está determinado por el fotobionte. Las especies de este género se encuentran restringidas a condiciones de baja iluminación en el sotobosque de los bosques tropicales (Nash, 1996; Brodo *et al.* 2001). Este resultado sugiere que dentro de la pluvisilva se presentan dichas condiciones microclimáticas, lo que permite el establecimiento exitoso de las especies.

De acuerdo con Rivas Plata *et al.* (2006), todas las especies del género *Coenogonium* registradas en este trabajo están ampliamente distribuidas en los trópicos. *Coenogonium disjunctum* y *C. pusillum* se encuentran, fundamentalmente, en el neotrópico y los ejemplares tipos proceden de Cuba. La primera de estas especies fue descrita por Nylander (1862) y la segunda, como *Biatora pusilla*, por Montagne (1845). Ninguna de las dos especies había sido recolectada nuevamente en Cuba desde su descripción.

En cuanto al tipo de fotobionte, predominaron las especies de clorolíquenes (Tabla 1), especialmente el género de alga verde filamentosa *Trentepohlia*. Según Sipman y Harris (1989), *Trentepohlia* es el alga verde más frecuente viviendo en vida libre en hábitats húmedos y sombríos de los bosques tropicales, por lo que está disponible en mayor proporción para formar la asociación simbiótica. Cáceres *et al.* (2008) encontraron que las especies de líquenes con este fotobionte son abundantes en bosques lluviosos en Brasil, lo cual coincide con el resultado obtenido. La baja frecuencia de *Trebouxia* como fotobionte podría deberse a la elevada humedad del ambiente en este ecosistema, pues dicho género de alga verde está relacionado con ambientes xerofíticos (Wolseley y Aguirre-Hudson, 1997b).

La riqueza de especies de cianolíquenes fue baja (Tabla 1). Nash (1996) considera la presencia de cianobacterias como fotobionte una adaptación a las condiciones de humedad y sombra de los bosques tropicales. En el interior de la pluvisilva montana se observan estas condiciones, baja iluminación y alta humedad relativa. Esto sugiere que la baja riqueza de cianolíquenes encontrada está más relacionada con las características del sustrato que con los factores microclimáticos.

La riqueza de líquenes corticícolas en la pluvisilva montana es alta, si tenemos en cuenta que este es un bosque con un estrato arbóreo bajo en comparación con el de los bosques lluviosos del neotrópico continental. Komposch y Hafellner (2000), registraron 250 especies para un bosque lluvioso tropical venezolano, con árboles entre 20 y 30 m de altura. Montfoort y Ek (1990), encontraron 209 especies (incluyendo líquenes foliícolas) en un bosque lluvioso de Guyana. A pesar de considerarse alta la riqueza de especies en la pluvisilva montana, el número no alcanza el valor predicho por los estimadores, tanto en el modelo de Clench como en la técnica de Jacknife I (Figs. 9 y 10). Este resultado está relacionado con el esfuerzo de muestreo.

Mientras mayor es el esfuerzo de muestreo, mayor es la probabilidad de añadir especies nuevas a la lista (Soberón y Llorente, 1993). Según Jiménez-Valverde y Hortal (2003), en la medida que la pendiente va disminuyendo, es necesario un esfuerzo de muestreo cada vez mayor para añadir un número significativo de especies al inventario. Esto tiene como consecuencia que el balance entre los costes (esfuerzo adicional) y las ganancias (número de nuevas especies) sea cada vez menos favorable.

El hecho de que predominen los líquenes con baja frecuencia dentro de este bosque (Tabla 2), condiciona que el esfuerzo de muestreo para registrarlos sea grande, calculado a partir de la curva obtenida por la función de Clench. En un área extensa como la que ocupa esta formación vegetal, es difícil conciliar un muestreo sencillo y económico con uno que registre el 95 % de las especies de líquenes (Colwell *et al.*, 2005). Por otro lado, la alta diversidad de forófitos presentes hace que la disponibilidad de sitios sea mayor, con lo cual aumenta la complejidad estructural del ensamble y disminuye la probabilidad de añadir nuevas especies.

De acuerdo a Gotelli y Colwell (2001), en la mayoría de los grupos hiperdiversos, las curvas de acumulación de especies suelen quedar por debajo de la asíntota. Estos autores recomiendan centrar el esfuerzo en unas pocas familias o gremios, establecer subgrupos más homogéneos ecológicamente y desarrollar protocolos específicos de tal manera que el problema de las especies raras se minimice. Además, plantean que en grupos de alta diversidad, los estimadores de riqueza de especies deben ser considerados solo como herramientas para determinar los límites bajos de la riqueza de especies.

La elevada frecuencia de *Herpothallon rubrocinctum* (Tabla 2) puede estar relacionada con el biotipo crustáceo, la carencia de córtex y la presencia de protalo. Lakatos *et al.* (2006) encontraron que esta especie presenta cristales semejantes a microescamas cubriendo toda la superficie de las hifas, las cuales repelen el agua de la superficie del talo. Además, estos autores encontraron que el protalo presenta pequeños canales hidrofílicos que conducen el agua por debajo de la médula, de manera que escurre rápidamente el exceso de agua. Esta morfología constituye una adaptación al ambiente húmedo de los bosques montanos tropicales y permite que especies con estas características prosperen en dichos ecosistemas. En relación con sus requerimientos ecológicos, Aptroot *et al.* (2009) plantean que *H. rubrocinctum* es común en sitios húmedos y sombreados del sotobosque.

En la mayoría de las especies del género *Phyllopsora*, las escuámulas quedan dispuestas horizontalmente, aumentando la superficie de absorción de la luz. Según Komposch y Hafellner (2002), esta característica morfológica del talo podría ser una adaptación a la sombra del sotobosque. Además, los talos desarrollan una red de hifas por debajo del mismo, las cuales les permiten escurrir el agua (Lakatos *et al.*, 2006). De las especies del género *Phyllopsora* registradas en el trabajo, *P. parvifolia* es la que presenta las escuámulas de mayor tamaño, aproximadamente 0,5 mm (Brako, 1991). Esta característica combinada con el resto de las ventajas adaptativas del género podría condicionar que *P. parvifolia* haya presentado el mayor valor de cobertura (Tabla 2).

La elevada heterogeneidad observada en las curvas de frecuencia relativa de líquenes para cada especie de forófito (Fig. 11) indica una alta complejidad estructural dentro de la pluvisilva montana, coincidiendo con lo planteado por Halffter *et al.* (2005) para los bosques tropicales. Las especies *Herpothallon rubrocinctum*, *Crocynia pyxinoides*, *Porina distans*, *P. mastoidea* y *Ocellularia praestans* se encontraron en todas las especies de forófitos, por lo que se podrían considerar fuertes competidoras y de gran plasticidad ecológica en comparación con el resto de los líquenes.

De acuerdo a Jaksic y Marone (2007), si el nicho de una especie está incluido dentro del nicho de una segunda especie y ambas son dominantes en diferentes niveles del recurso, la primera provocará la disminución de la frecuencia de la especie no dominante en ese nivel del recurso, permitiendo la coexistencia. La variación en cuanto a frecuencia y cobertura que experimentan las especies de líquenes antes mencionadas se ajusta a la hipótesis planteada por dichos autores. Comparado con el total de líquenes registrados en el trabajo, el número de especies que siguen esta estrategia es bajo, lo cual evidencia patrones de segregación.

El elevado número de especies raras (Fig. 11) adiciona un componente estocástico a la probabilidad de encontrar dichas especies. Sin embargo, la mayoría de estas mostraron una elevada cobertura sobre el tronco (Fig. 12), señalando la existencia de condiciones óptimas en el microhábitat en el cual se establecieron. Cáceres *et al.* (2007) observaron patrones similares en numerosas especies raras donde obtuvieron un elevado valor en la proporción cobertura/frecuencia. Según Halffter *et al.* (2005), los bosques tropicales se caracterizan por un elevado número de especies raras como consecuencia de la diversidad de hábitats y nichos a ocupar por las especies.

El descenso en los valores de cobertura de las especies de líquenes sobre *Dendropanax arboreus* (Fig. 12) se podría interpretar como una estrategia competitiva. Numerosas especies desarrollan talos pequeños que les permiten colonizar sitios disponibles, lo cual resulta en una elevada riqueza específica para el área pero compuesta por especies con baja cobertura. Este balance en cuanto a la densidad por área del tronco facilita la coexistencia y evita la exclusión competitiva. Los patrones observados en el estudio coinciden con el fenómeno de compensación de densidades descrito por Jaksic y Marone (2007). Lücking (1998) y Cáceres *et al.* (2007), encontraron comportamientos similares en comunidades de líquenes foliícolas y corticícolas, respectivamente.

Las especies clasificadas como dominantes por su frecuencia y cobertura (Tabla 3, Fig. 13) presentan adaptaciones tanto morfológicas como fisiológicas que les confieren ventajas para el establecimiento en este ambiente. *Porina mastoidea*, *Ocellularia praestans*, *O. antillensis* y *Coenogonium pusillum* son especies crustáceas con reproducción sexual, características que constituyen ventajas adaptativas en las condiciones ambientales de la pluvisilva y que han sido explicadas anteriormente. Igualmente han sido referenciadas las adaptaciones de las especies *Herpothallon rubrocinctum* y *Phyllopsora parvifolia*. *Phyllopsora buettneri* se distingue por sus escuámulas anchas, pruinosas, frecuentemente ascendentes y exponiendo la superficie inferior, lo cual le permite captar la humedad del ambiente. *Porina distans* y *Phyllopsora corallina* son especies que producen abundantes isidios, propágulos simbióticos fácilmente dispersados por el agua y pequeños animales, por lo que aumentan sus probabilidades de dispersión.

La diversidad beta mostrada entre las especies *Dendropanax arboreus* y *Myrcia fenzliana* es alta (Tabla 4) y el componente que contribuye a esta disimilitud es la diferencia en riqueza de líquenes. Según Jaksic y Marone (2007), la disimilitud entre comunidades depende de tres condicionantes: diversidad de microhábitats ocupados, segregación competitiva y elevada tolerancia de las especies a valores extremos de los factores ambientales. Los resultados sugieren que las dos primeras condicionantes podrían determinar las diferencias entre los ensambles de líquenes, debido a las características físicas de *D. arboreus*, fundamentalmente mayores áreas del tronco en comparación con *M. fenzliana*.

De igual forma, la diversidad beta entre *Brunellia comocladifolia* y *Myrcia fenzliana* es alta. Las características químicas de la corteza de *B. comocladifolia*, especialmente la elevada concentración de fenoles, podrían influir en que, además de las diferencias en riqueza, haya un fuerte recambio de especies entre ambos forófitos. Para el resto de los forófitos predomina el recambio de especies producto de las diferencias en las características físicas y químicas de los forófitos como sustrato. Nascimbene *et al.* (2013), encontraron que el recambio de especies de líquenes estuvo asociado a la estructura del bosque y no a las características del sustrato, lo cual difiere de lo hallado en la presente investigación.

Los valores de diversidad beta producto de patrones de anidamiento entre los forófitos *Myrcia fenzliana* respecto a *Dendropanax arboreus* y *Brunellia comocladifolia* fueron los más altos. Los resultados sugieren que los líquenes sobre *M. fenzliana* se hayan restringidos en la colonización de los sitios por la disponibilidad de espacio. En cambio, los forófitos *D. arboreus* y *B. comocladifolia* favorecen un establecimiento preferencial de las especies por las condiciones del sustrato.

No obstante, no se considera que haya un patrón de anidamiento, pues los valores encontrados para los coeficientes de anidamiento NODF y *Nestedness* no tienen significación estadística. De manera que existe una composición diferencial entre los ensambles de líquenes determinada por los factores del sustrato, sin que los menos diversos constituyan conjuntos anidados. Ecaterina (2015), obtuvo patrones de anidamiento de especies de líquenes saxícolas tanto a nivel de muestras como en toda el área. Nascimbene *et al.* (2010a), encontraron un patrón de anidamiento en ensambles de líquenes en parches de bosques de diferentes edades. Lisewski y Ellis (2011) encontraron ensambles de líquenes anidados respecto a un gradiente macroclimático.

IV.2 Análisis de coexistencia

Se hallaron patrones de segregación de especies de líquenes sobre *Myrcia fenzliana* y *Coccoloba wrightii* (Tabla 5). La conformación de los ensambles de líquenes sobre estos forófitos puede ser consecuencia de una segregación de nichos debido a la calidad del hábitat en cuanto a sus condiciones físicas y químicas. Según Maestre *et al.* (2008), la coexistencia de líquenes está determinada por las condiciones del hábitat, la dispersión y las formas de crecimiento. Los líquenes con biotipo crustáceo y reproducción sexual son los más frecuentes en la pluvisilva montana. Por lo tanto, el recurso limitante para los ensambles de líquenes estudiados es el tipo de hábitat y sus características. Jaksic y Marone (2007) plantearon que mientras más similares son las especies en el uso de un recurso, más segregados deben estar sus nichos para evitar la exclusión competitiva; predicción reflejada en los resultados obtenidos.

La magnitud del índice de coexistencia *CHECKER* estuvo influenciada de manera positiva por la frecuencia de especies, lo cual sugiere que los líquenes con elevada frecuencia podrían desplazar a otros menos abundantes y conducir a distribuciones tablero en la estructura del ensamble. Belinchón *et al.* (2012) comprobaron la relación entre los índices de coexistencia y las variables riqueza de líquenes, cobertura de briófitos y cobertura de las especies dominantes de líquenes, sin encontrar dependencia entre ellas y los índices de coexistencia. La frecuencia de líquenes no es analizada por estos autores. No obstante, sus resultados coinciden con la presente investigación en la no relación entre la riqueza de líquenes y los índices de coexistencia.

Svensson *et al.* (2013) encontraron un patrón aleatorio en la estructuración del ensamble de líquenes, con predominio de especies generalistas, en un bosque manejado de *Picea abies* L. en el centro de Noruega. Asimismo, Ecaterina (2015) no obtuvo evidencia de un mecanismo principal que intervenga en la conformación del ensamble de líquenes saxícolas, en un área protegida al norte de Rumanía, sino que las especies se distribuyeron de manera aleatoria. En cambio, Maestre *et al.* (2008) hallaron un patrón de segregación de líquenes terrícolas (que crecen sobre suelo) en un bosque de *Quercus ilex* L. y *Pinus halepensis* Miller en el centro de España. De igual forma, Belinchón *et al.* (2012) encontraron que las especies coexisten menos de lo esperado en un gradiente de distancia, desde el borde hasta el interior de un bosque dominado por *Quercus pirenaica* Willd. Los mecanismos y factores que intervienen en la estructuración de los ensambles de líquenes en cada uno de los trabajos mencionados no coinciden con nuestros resultados.

Esencialmente, las diferencias están relacionadas con el tipo de formaciones vegetales, la composición de líquenes en cada región y sus capacidades de adaptación y tolerancia a los diferentes factores ecológicos. Los estudios de patrones de coexistencia de líquenes citados se han concentrado en bosques boreales, templados y mediterráneos, monoespecíficos o de muy baja diversidad florística. No existen referencias de trabajos sobre este tema en la región neotropical, por lo que la presente investigación constituye la primera aproximación a dilucidar los mecanismos de estructuración de ensambles de líquenes en esta área.

El análisis integral de los patrones de diversidad beta y coexistencia encontrados conducen a un mejor entendimiento de la distribución espacial de los líquenes en la pluvisilva montana. *Myrcia fenzliana* fue el forófito con menores valores de diversidad de especies, lo cual propició que la disimilitud entre este forófito y el resto de las especies sea consecuencia de una menor riqueza de especies, influenciada a su vez por presentar menor área del tronco. Este factor determinó estrategias competitivas en los líquenes que conllevaron a patrones de segregación en la distribución de las especies. *Coccoloba wrightii*, aunque en menor grado, mostró un comportamiento similar en los patrones de distribución de los líquenes y los factores que los determinan. *Clusia tetrastigma, Dendropanax arboreus* y *Brunellia comocladifolia* presentaron la mayor diversidad de líquenes con un fuerte recambio de especies y patrones aleatorios en la estructuración de los ensambles de líquenes.

IV.3 Preferencias de sustrato y asociación liquen -forófito

Clusia tetrastigma y *Dendropanax arboreus* presentaron las mayores áreas del tronco y este parámetro tuvo influencia sobre la composición y frecuencia de líquenes (Tabla 6, Fig. 14). Una mayor área del tronco podría significar mayor diversidad de sitios sobre la corteza, lo cual aumenta la colonización de líquenes con diferentes nichos ecológicos. Igualmente, incrementa la superficie expuesta a la llegada de una gran cantidad de diásporas que potencialmente originarán nuevos talos.

Los árboles con una elevada área del tronco están relacionados con una larga permanencia dentro de la formación vegetal. Según McCune (1993), las especies de los estadios finales de la sucesión liquénica deben ser encontrados sobre el tronco de árboles antiguos en ambientes húmedos de bosques bien conservados. Los líquenes *Ocellularia perforata*, *O. praestans*, *Crocynia pyxinoides, Phyllopsora parvifolia* y *Heterodermia leucomela* pueden ser considerados especies del estadio final de la sucesión liquénica en la pluvisilva montana de la Gran Piedra. Algunos estudios sobre comunidades de líquenes corticícolas han confirmado variación en la composición y frecuencia de especies en relación con el diámetro del tronco (Burgaz *et al.*, 1994a, b; Amo de Paz y Burgaz, 2009). Sin embargo, Li *et al.* (2015), no hallaron relación entre la diversidad de especies y este factor ecológico.

Los árboles con corteza muy rugosa presentan una menor riqueza específica y las especies no desarrollan talos extensos (baja cobertura). En la pluvisilva montana predominan las especies con talo crustáceo, las cuales crecen fuertemente adheridas al sustrato y desarrollan talos relativamente delgados. El relieve de la corteza muy rugosa, con fisuras, hendiduras y pequeñas protuberancias limita el crecimiento de un talo continuo en numerosas especies, especialmente aquellas de biotipo crustáceo. Por otro lado, las cortezas muy rugosas retienen más humedad. Esto podría limitar el intercambio de gases que se realiza a través de la médula, capa del micobionte que se encuentra por debajo de la capa del fotobionte. Brodo (1973) plantea que las diásporas pueden ser más fácilmente atrapadas en superficies rugosas que en superficies lisas. Teniendo en cuenta el criterio de este autor, se podría esperar una mayor riqueza en árboles con mayor coeficiente de rugosidad. Sin embargo, los resultados indicaron que en las condiciones de la pluvisilva montana y sobre los forófitos estudiados, las especies de líquenes tienen mayor éxito en el establecimiento sobre árboles de cortezas menos rugosas.

El porcentaje de humedad de la corteza no mostró influencia en la variación de la composición, riqueza, frecuencia y cobertura de líquenes, lo cual sugiere que los líquenes son tolerantes a las fluctuaciones de este factor de la corteza en cada forófito. Además, la humedad propiciada por las condiciones climáticas en la pluvisilva montana, 238 días con niebla y una humedad relativa del 89,6 % (Montenegro, 1991), suplen los requerimientos de hidratación del talo. Los resultados de este trabajo coinciden con los obtenidos por Cáceres *et al.* (2007) en un bosque lluvioso de Brasil. Sin embargo, difieren de los obtenidos por Wolseley y Aguirre-Hudson (1997b), quienes encontraron que los árboles con corteza seca presentaron baja diversidad de líquenes en comparación con los de corteza húmeda. Además, el crecimiento de las especies fue más lento, indicando que cortezas con bajo porcentaje de humedad no son óptimas para la colonización de líquenes.

Según Kuusinen (1996a), la corteza de pH básico es más beneficiosa para el establecimiento de líquenes y briófitos. Wolseley y Aguirre-Hudson (1997b), obtuvieron que árboles con elevado pH presentaron comunidades de líquenes altamente diversas. *Myrcia fenzliana* tuvo el mayor valor de pH (Tabla 8), sin embargo, presentó la menor diversidad de líquenes entre todas las especies de forófitos. Esta especie de forófito tuvo la menor área del tronco, factor que influye de manera positiva en la diversidad de líquenes. Por tanto, aunque la corteza de pH menos ácido favorezca la riqueza de especies, el reducido espacio puede limitarla en *Myrcia fenzliana*. Este patrón constituye una evidencia más de la segregación de las especies como resultado de la competencia por el espacio, donde numerosos líquenes son tolerantes a la acidez de la corteza permitiéndoles colonizar sitios disponibles.

La tolerancia fisiológica a un pH ácido de la corteza está condicionada por la capacidad de algunas especies de alterar el pH del agua que absorben, lo cual podría estar ocurriendo en los líquenes sobre los forófitos con pH ácido. Según Barkman (1958), la mayoría de las epífitas son capaces de modificar el pH a través de un sistema tampón dentro de ciertos límites en este parámetro. Los límites y el sistema tampón de pH varían según la especie y, en una misma especie, cambia de acuerdo al pH del hábitat. Unido a lo antes expuesto, el valor de probabilidad observado para el pH de la corteza en el presente trabajo ($F=10,43$, $p=0,048$), estuvo muy próximo al límite de significación estadística ($p<0,05$), por lo que la fortaleza de la relación se podría considerar débil. La capacidad de los líquenes de tolerar el pH ácido de la corteza propicia que este factor ecológico no tenga una influencia determinante en la distribución espacial de las especies sobre los forófitos estudiados. Fritz y Brunet (2010) y Fritz y Heilmann-Clausen (2010) hallaron una alta correlación entre el número de especies de epífitas y el pH de la corteza de *Fagus sylvatica* L. Ellis (2008) encontró que el aumento del pH no estuvo relacionado con la riqueza de especies sino que influyó sobre la composición del ensamble. Los hallazgos de las investigaciones mencionadas difieren de lo encontrado en el presente trabajo.

Brunellia comocladifolia muestra los niveles más altos de fenoles en comparación con el resto de los forófitos, especialmente con *Dendropanax arboreus* (Tabla 7). La composición de líquenes mostró segregación en relación con la concentración de fenoles, encontrándose relación entre los líquenes *Ocellularia terebrata*, *Thelotrema neei*, *Pyrenula andina*, *Hypotrachyna livida*, *Cryptothecia striata*, *Trypethelium subcatervarium* y *Parmotrema tinctorum* y esta especie de forófito. (Fig. 15). Se podría esperar que las comunidades de líquenes experimenten una disminución de su diversidad en árboles con elevadas concentraciones de fenoles como consecuencia del efecto de los metabolitos de defensa, de acuerdo con lo obtenido por Koopmann (2005) y Latkowska *et al.* (2015). Sin embargo, el patrón observado sugiere que las especies de líquenes han desarrollado tolerancia hacia elevadas concentraciones de fenoles. Por otro lado, un predominio de compuestos fenólicos que no tienen efecto significativo sobre las comunidades epifíticas podrían conducir a resultados similares. Esto último está en correspondencia con lo hallado por Tegelberg y Julkunen-Tiitto (2001), quienes encontraron que los taninos no influyen sobre la diversidad de epífitas. Además, *B. comocladifolia* se destaca por su elevada riqueza, frecuencia y cobertura de líquenes, lo cual coincide con lo obtenido por Irzhigitova y Korchikov (2011).

La concentración de minerales y el contenido de cenizas de la corteza entre las especies de árboles no variaron significativamente (Tablas 8, 9 y 10), además no tuvieron influencia en la diversidad de líquenes. Esto indica que los requerimientos de minerales y electrolitos totales (contenido de cenizas) se encuentran suplidos en ese rango de variación para todas las especies de líquenes. Brodo (1973) planteó que la concentración de minerales de la corteza tiene influencia en la distribución de los líquenes. Sin embargo, para las especies de árboles evaluadas este no es un factor determinante en la diversidad de líquenes (Tabla 11). Según Barkman (1958), la vegetación epifítica y la concentración de electrolitos totales están relacionadas positivamente, Sin embargo,

Wolf (1995), no encontró relación entre la diversidad de líquenes y el contenido de nutrientes inorgánicos en un bosque montano tropical de Colombia, coincidiendo con los resultados obtenidos en este trabajo.

En general, los factores que influyen en la distribución espacial de las especies son el área del tronco, la concentración de fenoles y la rugosidad de la corteza. Sin embargo, son los dos primeros los que difieren significativamente entre los forófitos por lo que a estos les han sido atribuidos los resultados sobre diversidad beta y patrones de coexistencia entre las especies de árboles.

Un bajo número de especies de líquenes presentaron asociación por una especie de forófito en particular (Tabla 12), por lo que la especificidad liquen-forófito no parece constituir una estrategia efectiva dentro de la pluvisilva montana de la Gran Piedra. Se podría asumir que la preferencia de una especie de liquen por un forófito en particular reduce la probabilidad de éxito en el establecimiento y desarrollo de la misma. Por otro lado, la dispersión de las diásporas es altamente estocástica y la alta diversidad de árboles, típica de los bosques tropicales, podría disminuir la abundancia de sustratos adecuados para aquellas especies específicas. La baja especificidad liquen-forófito ha sido un resultado recurrente en numerosos estudios en bosques tropicales (Cornelissen y ter Steege, 1989; Montfoort y Ek, 1990; Wolf, 1995; Holz y Gradstein, 2005; Cáceres *et al.*, 2007; Satya *et al.*, 2013; Joshi *et al.*, 2016).

Teniendo en cuenta lo analizado en relación con los factores físicos y químicos del sustrato, en lugar de interpretar estas asociaciones como especificidad liquen-forófito, se podrían considerar como especificidad liquen-tipo de sustrato. Wolf (1995), planteó que el concepto de especificidad ha sido mal interpretado. La identidad del árbol no es la responsable de las relaciones específicas entre el liquen y el hospedero, sino las condiciones ecológicas que prevalecen en el tronco y las ramas del árbol. Brodo (1973), sugiere el uso del término preferencia en lugar de especificidad, atendiendo a que las respuestas que una especie de liquen tendrá en un sustrato potencial dependerán de sus requerimientos o tolerancias. Según este autor, los ejemplos de especies que muestran preferencia por un sustrato son numerosos, lo cual tiene una gran influencia sobre la composición de la comunidad. Un factor de considerable importancia (aunque no el único) en la probabilidad de que dos o más especies coincidan en la comunidad es la preferencia hacia ciertos sustratos, especialmente en ecosistemas diversos como los bosques tropicales. Con excepción de las dos especies del género *Coenogonium*, el resto de las que mostraron asociación con alguno de los forófitos presentaron el biotipo crustáceo; forma de crecimiento muy unida al sustrato. Según Brodo (1973), la mayoría de las especies sustrato-específicas son aquellas que están en estrecho contacto con el sustrato, del cual probablemente derivan nutrientes esenciales y particulares.

Otros conceptos relacionados con la ocupación de hábitats específicos son los de especies generalistas y especialistas. Burns y Zotz (2010) hacen un análisis de redes de interacciones epífita-forófito y definen a las especialistas como aquellas que tienen menos vínculos de los esperados, atendiendo a la diversidad de hábitats existentes. Kuusinen (1996a), considera especies especialistas a aquellas que están confinadas a un hábitat específico, por ejemplo una especie de árbol. Siguiendo el criterio de este último autor, los resultados referidos al grado de asociación liquen-forófito indicarían que existen pocas especies especialistas dentro de la comunidad de líquenes corticícolas de la pluvisilva montana de la Gran Piedra.

IV.4 Composición, riqueza, frecuencia y cobertura de líquenes en relación con la exposición cardinal de la ladera y la cobertura del dosel

Los valores de frecuencia y cobertura de líquenes fueron menores en la ladera sur (Tabla 13), no obstante, el ensamble no constituye un conjunto anidado de especies en esta ladera. La composición de líquenes mostró un patrón de segregación de algunas especies hacia dicha exposición cardinal (Fig. 16). Además, la ladera sur presentó los mayores valores de disimilitud respecto a las laderas norte y oeste, donde, el recambio de especies es el componente que más contribuye a las diferencias en la diversidad beta (Tabla 14). Los patrones de diversidad y distribución espacial encontrados entre las exposiciones cardinales pueden ser consecuencia de las condiciones diferentes de humedad relativa y capacidades de adaptación fisiológica y dispersión de los líquenes.

Reyes *et al.* (2005) plantean que los vientos predominantes en la pluvisilva montana de la Gran Piedra proceden del norte-noreste (vientos Alisios) propiciando una mayor humedad hacia estas laderas, por lo que la ladera sur queda a la sombra eólica. Además, la radiación solar es elevada hacia la ladera sur y los rayos solares inciden perpendicularmente casi todo el año, esto último determina que presente mayor temperatura y menor humedad relativa. Según Armstrong (2014), la interacción entre los factores microclimáticos intensidad luminosa, temperatura y humedad son particularmente importantes en determinar diferencias locales en el crecimiento de los líquenes. Los resultados sugieren que las especies de líquenes influidos por la ladera sur han desarrollado tolerancia hacia condiciones de menor humedad y mayor radiación solar. Aragón *et al.* (2012) encontraron un patrón similar de respuesta de la diversidad de especies a los cambios microclimáticos.

Además de las condiciones microclimáticas del hábitat, se deben considerar las capacidades de dispersión de los propágulos entre las causas probables del patrón observado. El viento es el principal agente dispersor en los líquenes (Muñoz *et al.*, 2004), este incide sobre la ladera norte, suministrando propágulos al ensamble de líquenes de esta ladera. Estas diásporas podrían no llegar tan eficientemente al resto de las laderas por la barrera física que presupone la montaña en sí, determinando las diferencias en la diversidad de especies.

La composición, riqueza, frecuencia y cobertura de líquenes no mostraron variación en relación con la cobertura del dosel en las áreas muestreadas, lo cual difiere de lo encontrado por Pérez *et al.* (2008). Las parcelas fueron establecidas en el interior del bosque, alejadas más de 10 m del borde para limitar el efecto del borde sobre la diversidad de líquenes. Además, se seleccionaron las parcelas cuadradas para disminuir la influencia de la heterogeneidad del ambiente producto de los cambios en la vegetación. Por tanto, se puede inferir que en el interior del bosque los niveles de iluminación no constituyen un factor que interviene directamente en la distribución de las especies a esta escala.

IV.5 Composición, riqueza y frecuencia de líquenes corticícolas en un gradiente vertical de altura y en relación con la arquitectura del forófito

El esquema de zonación vertical propuesto en este trabajo tiene en cuenta tanto las condiciones microclimáticas (diferencias en humedad relativa e iluminación entre la base del árbol y las ramas de la copa) como las características del sustrato. La principal ventaja de este diseño es que disminuye la probabilidad de incluir en las diferentes zonas especies que pertenecen a otro estadio sucesional. El esquema presentado por Johansson (1974) solo tiene en cuenta la primera de estas condiciones, por lo que es posible recolectar especímenes sobre ramas jóvenes, generalmente delgadas y de corteza lisa, que se puedan encontrar en la zona del tronco o en el dosel interno. En el tronco o las ramas más gruesas, la superficie ha estado expuesta por más tiempo a la llegada de propágulos y los mecanismos que estructuran la comunidad han actuado por un período más largo. Las especies de líquenes que colonizan dichas zonas constituyen ensambles diferentes en diversidad respecto a los del resto del árbol.

El esquema de zonación para el estudio de la distribución vertical de epífitas sugerido por Zotz (2007) solo tiene en cuenta las características del sustrato. Según dicho diseño es posible recolectar líquenes sobre el árbol sin tener en cuenta la altura y se obvian las diferencias en los factores microclimáticos, cuya influencia ha sido demostrada en la distribución vertical de líquenes (Wolseley y Aguirre-Hudson, 1997b).

Las especies con biotipo crustáceo predominaron en todas las zonas de altura (Fig. 17). En el tronco, donde la humedad es elevada, esta forma de crecimiento limita la retención de agua y escurre más rápidamente el exceso, lo cual permite alcanzar niveles adecuados de hidratación del talo. Este parámetro influye sobre el intercambio de gases y la fotosíntesis neta, donde por encima del 80% de saturación del talo, la fotosíntesis comienza a disminuir (Nash, 1996; Purvis, 2000). En las ramas externas de la copa del árbol, las especies de líquenes crustáceos también son abundantes. Este biotipo, fuertemente adherido al sustrato reduce el área de exposición y limita la pérdida de agua por evaporación (Jahns, 1988). Cornelissen y ter Steege (1989), Montfoort y Ek (1990) y Komposch y Hafellner (2000) obtuvieron patrones similares en cuanto a las formas de crecimiento en las zonas de altura sobre el árbol.

Los líquenes fruticulosos fueron exclusivos de las ramas de las zonas III y IV. Büdel y Scheidegger (1996) plantean que las especies con este biotipo son encontradas preferencialmente en ecosistemas con climas muy húmedos. La morfología de los talos, altamente ramificados y separados del sustrato, les provee una mayor superficie en proporción a su volumen. Dicha característica resulta en un aumento de la velocidad de hidratación y desecación del talo. Según Barkman (1958), las especies del género *Usnea* (líquenes fruticulosos) frecuentemente están restringidas a la copa de los árboles. Este autor plantea que la evaporación en esta zona es generalmente más fuerte que en las zonas bajas. Esto se produce por el efecto del viento, el cual es menor en el interior de la vegetación. Nash (1996) destaca la capacidad de la mayoría de los líquenes de recuperar completamente los niveles metabólicos después de períodos prolongados de desecación. Esto ha sido probado en la especie *Ramalina maciformis* (Del.) Bory, un liquen fruticuloso (Lange, 1969). No obstante, en la pluvisilva montana la humedad relativa y la cantidad de días con niebla son elevadas, por lo que los períodos de desecación de los talos son más cortos, comparado con los que podrían experimentarse en otros ambientes. Probablemente, estos cortos períodos de desecación del talo favorecen el establecimiento de estas especies fotófilas en las ramas externas con un bajo costo metabólico.

Las especies con reproducción por esporas prevalecieron en todas las zonas del árbol. No obstante, las especies productoras de isidios y soredios se distribuyeron en todo el gradiente vertical (Fig. 18). Las esporas son diásporas dispersadas fácilmente por el viento, el agua y pequeños invertebrados. La gran cantidad de agentes dispersores aumenta las probabilidades de colonización de sitios disponibles por estas especies. Barkman (1958), planteó que los propágulos vegetativos, fundamentalmente los isidios hidrofílicos, son transportados principalmente por el agua de lluvia. Esto promueve una extensión de la población a lo largo del tronco y dificulta la dispersión a larga distancia. Komposch y Hafellner (2002), hallaron que la reproducción por esporas es predominante hacia el dosel y la reproducción vegetativa es una estrategia más frecuente en las especies del sotobosque. Dichos resultados difieren de lo hallado en la presente investigación, fundamentalmente como consecuencia de las diferencias fisionómicas entre los bosques estudiados y la composición de especies de líquenes encontrada.

La composición de especies mostró una estratificación vertical bien definida desde la base del árbol hasta las ramas externas del dosel (Fig. 19). En la zona I (hasta los 2 m de altura) se encontraron líquenes de los géneros *Porina*, *Leptogium* y *Coenogonium*. Según Sipman y Harris (1989), numerosas especies de estos géneros son tolerantes a las condiciones de baja iluminación y por tanto dominantes en las zonas bajas de los árboles en los bosques tropicales. Especies de la familia *Thelotremataceae* junto a las de géneros como *Phyllopsora, Herpothallon* y *Crocynia* pueden llegar a alcanzar gran diversidad en esta zona (Sipman y Harris, 1989). Además de la tolerancia a los bajos niveles de iluminación, estas especies se encuentran favorecidas por las adaptaciones que presentan a la elevada humedad en los estratos más bajos del árbol.

La riqueza y frecuencia total de líquenes disminuyó hacia la zona I (Tabla 17). Esta zona tiene una mayor abundancia de líquenes crustáceos y foliáceos que desarrollan grandes talos formando manchas que cubren la superficie del tronco y disminuyendo el espacio disponible para la colonización de nuevas especies. Además, en dicha zona se encuentra una gran abundancia de briófitos que compiten por el hábitat. La combinación de estos factores presupone una disminución de la riqueza y frecuencia de especies de líquenes hacia el estrato más bajo del árbol y propicia el establecimiento de especies adaptadas a los bajos niveles de iluminación y alta humedad relativa. Por otro lado, el tronco es un microhábitat continuo, por lo que las especies favorecidas por las condiciones existentes en este estrato excluirán a otras, disminuyendo la diversidad de líquenes sobre el árbol.

La mayoría de las especies se hallaron por encima de los dos metros de altura sobre el tronco, en las zonas II, III y IV, exhibiendo una elevada frecuencia. Según Hubbell (2001), la diversidad de especies se encuentra favorecida por la fragmentación del nicho y la dispersión altamente estocástica de las diásporas, como mecanismos que evitan la exclusión de especies equivalentes. Las ramas del dosel interno, medio y externo son altamente ramificadas, lo que posibilita que el espacio y las condiciones del microhábitat no sean continuas, permitiendo la llegada aleatoria de las diásporas y el establecimiento de disímiles especies en diferentes fragmentos del mismo sitio. Este resultado coincide con lo hallado por Hinds (1970), Eversman *et al.* (1987), Komposch y Hafellner (2000), Fanning *et al.* (2007) y Li *et al.* (2015).

La zona II tuvo la mayor riqueza de especies (Tabla 17), lo cual coincide con lo obtenido por Wolf (1993, 1995). En esta zona del árbol se hallan las ramas de mayor diámetro en comparación con las del resto del dosel, por lo que hay una mayor superficie expuesta a la llegada de las diásporas. Además, el microclima es menos extremo desde la periferia hacia la base de la copa, lo cual podría favorecer el establecimiento de los líquenes.

Zonas consecutivas presentan una menor diversidad beta y el valor de esta aumenta con la distancia entre las zonas, lo cual concuerda con el patrón de decaimiento de la similitud con la distancia propuesto por Whittaker (1960). Para explicar este fenómeno se han propuesto tres mecanismos principales. El primer mecanismo se refiere las condiciones ambientales que cambian conforme aumenta la distancia, lo que implica que hay una separación de las especies con diferentes características fisiológicas. El segundo depende de la configuración del ambiente, a mayor número de barreras, la similitud decrece más abruptamente que en un sitio topográficamente homogéneo. El tercero depende de la capacidad de dispersión de las especies, pues la relación similitud-distancia ocurre aún si el ambiente es totalmente homogéneo (teoría de la neutralidad) (Nekola y White, 1999; Calderón-Patrón *et al.*, 2012). Los resultados sugieren que el patrón de decaimiento observado está determinado por una combinación de los tres mecanismos antes mencionados.

El valor del índice diversidad beta producto de patrones de anidamiento entre las zonas I y II fue el más alto (Tabla 18). Esto indica que en la zona I se han perdido ordenadamente especies que están presentes en la zona II. Según Ulrich *et al.* (2009), los mecanismos que propician la ganancia o pérdida de especies y que conducen a ensambles anidados son numerosos, entre ellos se destacan, la dispersión diferencial de las especies, las limitaciones en la colonización de los sitios y la extinción selectiva. Baselga (2010) plantea otros mecanismos que pueden causar un patrón anidado, entre ellos se encuentra el aislamiento de hábitats, el anidamiento de hábitats, regímenes de perturbaciones, el muestreo pasivo de especies de alta dispersión y patrones de solapamiento jerárquico de nichos. Ulrich y Gotelli (2012), recomiendan el uso de diferentes medidas para determinar patrones de anidamiento, lo cual permite desentrañar más eficientemente los procesos que subyacen en la distribución espacial de las especies. En el patrón de anidamiento observado, contribuyen las diferencias físicas entre las zonas I y II, que condiciona las limitaciones en la colonización de los sitios unido al solapamiento jerárquico de los nichos.

El ancho de la copa y la altura del forófito favorecieron el establecimiento de numerosas especies (Fig. 20), fundamentalmente, la diversidad de especies fotófilas típicas del dosel. Especies de los géneros *Parmotrema*, *Hypotrachyna*, *Mycomicrothelia* y *Megalotremis* fueron frecuentes en las ramas externas del dosel. Según Brodo *et al.* (2001), los líquenes pertenecientes a los géneros *Parmotrema*, *Hypotrachyna* se hallan en ambientes de elevada iluminación. Por otro lado, árboles altos y con copas anchas, tienen más espacio disponible para el establecimiento de los líquenes, así como una mayor diversidad de sitios que pueden ser cubiertos por especies con diferentes requerimientos. Sin embargo, Li *et al.,* (2015) encontraron que la altura del árbol no influyó sobre la diversidad de líquenes.

El estudio de la diversidad de líquenes corticícolas en la pluvisilva montana ha permitido dilucidar la diversidad de especies, los patrones de coexistencia y los mecanismos que intervienen su distribución espacial. La estructuración del ensamble responde a factores del sustrato y ambientales, los cuales propician su conformación no aleatoria de los ensambles y una pronunciada estratificación vertical.

V. Conclusiones

- Se registraron 73 nuevas especies para Cuba, 45 de ellas también lo son para el Caribe insular y seis pertenecen a cuatro géneros registrados por primera vez para esta región (*Architrypethelium*, *Megalotremis*, *Rimelia* y *Stegobolus*). Las familias *Graphidaceae* y *Thelotremataceae* fueron las de mayor riqueza de especies. Los líquenes con biotipo crustáceo y alga verde *Trentepohlia* como fotobionte fueron los más frecuentes.

- La diversidad beta fue alta, con un elevado número de especies raras. El componente de la diversidad que predomina es el recambio de especies, tanto entre las especies de forófitos como entre las exposiciones cardinales y en el gradiente vertical de altura sobre los árboles.

- Los líquenes mostraron patrones de coexistencia no aleatorios sobre *Myrcia fenzliana* y *Coccoloba wrightii.* Los factores del sustrato que influyeron en la segregación de las especies fueron el área del tronco, la rugosidad y la concentración de fenoles de la corteza.

- Un bajo número de especies presentan asociación liquen-forófito, evidenciando que la especificidad no es una estrategia extendida entre las especies de líquenes sobre estos forófitos.

- La diversidad de líquenes fue mayor en la ladera con exposición norte, aunque la ladera con exposición sur influyó sobre la composición de especies. La cobertura del dosel en el interior del bosque no tiene un efecto significativo sobre la distribución espacial de los líquenes.

- La diversidad de líquenes varió significativamente en un gradiente vertical sobre los forófitos, reflejando un patrón de anidamiento hacia el estrato más bajo. El talo crustáceo en combinación con la reproducción sexual es la estrategia más frecuente desde la base del tronco hasta la copa. El ancho de la copa y la altura del forófito favorecieron la diversidad de líquenes.

VI. Recomendaciones

1. Extender el estudio de los líquenes a otras áreas, con el fin de comparar los patrones observados y determinar especies amenazadas.
2. Realizar monitoreos poblacionales de las especies que mostraron asociación liquen-forófito que permitan detectar variación en los patrones observados, lo cual constituiría una evidencia de cambios en el entorno y aportaría información útil para propósitos conservacionistas.

Referencias Bibliográficas

Adams, D. B. y P. G. Risser. 1971. The effect of host specificity on the interspecific associations of bark lichens. The Bryologist 74: 451–457.

Almeida-Neto, M.; P. Guimarães; P. Guimarães Jr.; R. Loyola y W. Ulrich. 2008. A consistent metric for nestedness analysis in ecological systems: reconciling concept and quantification. Oikos 117(8): 1227-1239.

Amo de Paz G. y A. R. Burgaz. 2009. Environmental factors and diversity of epiphytic communities on the trunk of the Mediterranean beech forest in Hayedo de Montejo (Madrid, Spain). Cryptogamie, Mycologie 30(1): 85-97.

Anderson, M.; K. Ellingsen y B. McArdle. 2006. Multivariate dispersion as a measure of beta diversity. Ecology Letters 9: 683–693.

Anderson, M.; T. Crist; J. Chase; M. Vellend; B. Inouye; A. Freestone; N. Sanders; H. Cornell; L. Comita; K. Davies; S. Harrison; N. Kraft; J. Stegen y N. Swenson. 2011. Navigating the multiple meanings of beta diversity: a roadmap for the practicing ecologist. Ecology Letters 14: 19–28.

Aptroot, A. 1997. Lichen biodiversity in Papua New Guinea, with the report of 173 species on one tree. Bibliotheca Lichenologica 68: 203–213.

Aptroot, A. y H. Sipman. 1997. Diversity of lichenized fungi in the tropics. En: Hyde K. (ed.). Biodiversity of tropical microfungi. Hong Kong, China. University Press. Pp: 93-106.

Aptroot, A.; R. Lücking; H. Sipman; L. Umaña y J. Chávez. 2008. Pyrenocarpous lichens with bitunicate asci. A first assessment of the lichen biodiversity inventory in Costa Rica. Bibliotheca Lichenologica 97: 3-18.

Aptroot, A.; G. Thor; R. Lücking; J. A. Elix y J. L. Chávez. 2009. The lichen genus *Herpothallon* reinstated. Bibliotheca Lichenologica 99: 19-66.

Aragón, G; I. Martínez y A. R. Burgaz. 2001. Macrolíquenes de Castilla-La Mancha. Instituto de Estudios Manchegos. Imprenta Provincial, Ciudad Real. 190 pp.

Aragón, G.; I. Martínez y A. García. 2012. Loss of epiphytic diversity along a latitudinal gradient in southern Europe. Science of the Total Environment 426(1): 188–195.

Armstrong, R. A. 1986. Competition between three lichen species using a factorial experimental design. New Phytologist 104: 637–641.

Armstrong, R. A. y A. R. Welch. 2007. Competition in lichens communities. Simbiosis 43: 1-12.

Armstrong, R. A. 2014. The influence of environmental factors on the growth of lichens in the field. Recent Advances in Lichenology. Pp: 1-18.

Asta, J.; W. Erhardt; M. Ferrett; F. Fornasier; U. Kirschbaum; P. L. Nimis; O. W. Purvis; S. Pirintsos; C. Scheidegger; C. Van Haluwyn y V. Wirth. 2002. Mapping lichen diversity as an indicator of environmental quality. En: Nimis, P. L.; C. Scheidegger y P. A. Wolseley (eds.). Monitoring with lichens-

Monitoring lichens. Kluwer Academic Publisher, The Netherlands. Pp: 273-279.

Atmar, W. y B. Patterson. 1993. The measure of order and disorder in the distribution of species in fragmented habitat. Oecologia 96: 373-382.

Baselga, A. 2010. Partitioning the turnover and nestedness components of beta diversity. Global Ecology and Biogeography 19: 134–143.

Baselga, A. 2012. The relationship between species replacement, dissimilarity derived from nestedness, and nestedness. Global Ecology and Biogeography 21(12): 1223–1232.

Barbour, M. y D. Billings. 1988. North American Terrestrial Vegetation. Cambridge: Cambridge University Press. 202 pp.

Barkman, J.J. 1958. Phytosociology and ecology of cryptogamic epiphytes. Van Gorcum, Assen. 213 pp.

Barreno, E. 2004. Hongos simbiontes: líquenes, micoficobiosis y micorrizas. En: J. Izco, Botánica, 2ª ed. Pp.: 287-315.

Begon, M.; C. Townsend y J. Harper. 2006. Ecology: from individuals to ecosystems (4th ed.). Blackwell Publishing Ltd. London. 746 pp.

Belinchón, R.; I. Martínez; A. Escudero; G. Aragón y F. Valladares. 2007. Edge on epitphytic communities in a Mediterranean *Quercus pyrenaica* forest. Journal of Vegetation Science 18: 81-90.

Belinchón R., I. Martínez, G. Aragón y A. Escudero. 2012. Lichen species co-occurrence patterns along an edge-interior Mediterranean forest gradient. Acta Oecologica 43: 150-157.

Benítez, A.; M. Prieto; Y. González y G. Aragón. 2012. Effects of tropical montane forest disturbance on epiphytic macrolichens. Science of The Total Environment 441: 169–175.

Benzing, D. H. 1990. Vascular epiphytes: General biology and related biota. Cambridge. Univ. Press, New York. 354 pp.

Bergamini, A.; C. Scheidegger; S. Stöfer; P. Carvalho; S. Davey; M. Dietrich; F. Dubs; E. Farkas; U. Groner; K. Kärkkäinen; C. Keller; L. Lökös; S. Lommi; C. Máguas; R. Mitchell; O. Pinho; V. J. Rico; G. Aragón; A. M. Truscott; O. A. Wolseley y A. Watt. 2005. Performance of lichen species richness and composition. Conservation Biology 19: 1051-1062.

Bouly de Lesdain, M. 1921. Lichen spore Habana in insula Cuba anno 1914 a cl. fratre Arsene Brouard lecti. Bryologist, Fittsburgh 24: 68-69.

Bouly de Lesdain, M. 1934. Queleques nouveaux lichens de Cuba recusillis parla frére Hioram. Revue Bryologique et Lichenologique, Paris 7 : (1-2), 59-62.

Brako, L. 1991. *Phyllopsora* (Bacidiaceae). Flora Neotropica 55: 1-66.

Broad, K. 1989. Lichens in southern woodland. Forestry Commission. Handbook 4. Her Majesty' Stationery Office, London. 45 pp

Brodo, I. M. 1973. Substrate ecology. En: Ahmadjian, V. y M. E. Hale (eds.). The lichens. Academic Press, New York. Pp: 401-441

Brodo, I. M.; S. D. Sharnoff y S. Sharnof. 2001. Lichens of North America. Yale University Press. 795 pp.

Brodo, I. M; W. L. Culberson y C. F. Culberson. 2008. *Haematomma* (Lecanoraceae) in North and Central América, including the West Indies. The Bryologist 111(3): 363-423.

Brunialti, G.; L. Frati; F. Cristofolini; A. Chiarucci; P. Giordani; S. Loppi; R. Benesperi; A. Cristofori; P. Critelli; E. Di Capua; V. Genovesi; E. Gottardini; G. Innocenti; S. Munzi; L. Paoli; T. Pisani; S. Ravera; M. Ferretti. 2012. Can we compare lichen diversity data? A test with skilled teams. Ecological Indicators 23: 509–516.

Büdel, B. y C. Scheidegger. 1996. Thallus morphology and anatomy. En: Nash, T. (ed.). Lichen Biology. Cambridge University Press. Pp.: 37-64.

Büdel, B.; M. Vivas y O. Lange. 2013. Lichen species dominance and the resulting photosynthetic behavior of Sonoran Desert soil crust types (Baja California, Mexico). Ecological Processes 2: 1-8.

Burgaz, A. R. y T. Ahti. 2003. Biogeografía de las cladoniáceas (Ascomycetes Liquenizados) de Cuba. Memorias del VII Simposio de Botánica. La Habana, Cuba. 8 pp.

Burgaz, A. R.; E. Fuertes y A. Escudero.1994a. Ecology of cryptogamic epiphytic and their communities in deciduos forest in mediterraneo, Spain. Vegetatio 112: 73-86.

Burgaz A. R.; E. Fuertes y A. Escudero. 1994b. Epiphytic mature communities in Mediterranean Spain. Botanical Journal of the Linnean Society 115: 35-47.

Burns, K. y G. Zotz. 2010. A hierarchical framework for investigating epiphyte assemblage: networks, meta-communities and scale. Ecology 91(2): 377-385.

Cáceres, M.; R. Lücking y G. Rambold. 2007. Phorophyte specificity and environmental parameters versus stochasticity as determinants for species composition of corticolous crustose lichen communities in the Atlantic rain forest of northeastern Brazil. Mycological Progress 6: 117-136.

Cáceres, M.; R. Lücking y G. Rambold. 2008. Corticolous microlichens in northeastern Brazil: Habitat differentiation between coastal Mata Atlântica, Caatinga and Brejos de Altitude. The Bryologist 111: 98-117.

Caldiz, M. 2005. Diversity and growth of epiphytic macrolichens in northwestern Patagonian Nothofagus forest. Acta Universitatis Agriculture 42: 1-34.

Camarena-Gutiérrez, G. 2006. Las especies reactivas de oxígeno en defensa de las plantas contra patógenos. Revista Chapingo. Serie Ciencias Forestales y del Ambiente 12 (1): 25-30.

Carvalho, J.; P. Cardoso y P. Gomes. 2012. Determining the relative roles of species replacement and species richness differences in generating beta-diversity patterns. Global Ecology and Biogeography 21: 760–771.

Calderón-Patrón, J.; C. Moreno y I. Zuria. 2012. La diversidad beta: medio siglo de avances. Revista Mexicana de Biodiversidad 83: 879-891.

Chao, A.; R. Chazdon; R. Colwell y T. Shen. 2005. Un nuevo método estadístico para la evaluación de la similitud en la composición de especies con datos de incidencia y abundancia. En: Halffter, G.; J. Soberón; P. Koleff y A. Melic (eds.). Sobre diversidad biológica: el significado de las diversidades Alfa, Beta y Gamma. Monografías Tercer Milenio. Vol: 4. CONABIO, DIVERSITAS y S.E.A. Zaragoza. Pp: 85-96.

Chao, A.; R. Colwell; Ch. Lin y N. Gotelli. 2009. Sufficient sampling for asymptotic minimum species richness estimators. Ecology 90(4): 1125-1133.

Chaparro, M. y J. Aguirre. 2002. Hongos liquenizados. Universidad Nacional de Colombia. 220 pp

Clark, K. y R. Warwick. 2001. Change in marine communities: an approach to statistical analysis and interpretation. PRIMER-E Plymouth. 173 pp.

Claro Valdés, A. 1985. Conferencias de Biogeografía. Cap. VIII: Las grandes biocenosis terrestres. Editorial Pueblo y Educación. Pp: 164-238.

Colwell, R. y J. A. Coddington. 1994. Estimating terrestrial biodiversity through extrapolation. Philosophical Transactions of the Royal Society of London B 345:101–118.

Colwell, R.; C. Mao y J. Chang. 2004. Interpolating, extrapolating, and comparing incidence-based species accumulation curves. Ecology 85: 2717–2727.

Colwell, R.; Ch. Mao y J. Chang. 2005. Interpolando, extrapolando y comparando las curvas de acumulación de especies basadas en su incidencia. En: Halffter, G.; J. Soberón; P. Koleff y A. Melic (eds.). Sobre diversidad biológica: el significado de las diversidades Alfa, Beta y Gamma. Monografías Tercer Milenio. Vol: 4. CONABIO, DIVERSITAS y S.E.A. Zaragoza. Pp: 73-84.

Coppins, B. J. y P. Wolseley. 2002. Lichens of Tropical Forests. En: Watling, R.; J. C. Frankland; A. M. Ainsworth; S. Issac y C. H. Robinson (eds.). Tropical Mycology. Vol. 2, Micromycetes. CAB International. Pp: 113-131.

Cornelissen, J. H. y H. ter Steege 1989. Distribution and ecology of epiphytic Bryophytes and lichens in dry evergreen forest of Guyana. Journal of Tropical Ecology 5: 131-150.

Cornelissen, J. H. y S. R. Gradstein. 1990. On the occurrence of bryophytes and macrolichens in different lowland rain forest types at Mabura Hill, Guyana. Tropical Bryology 3: 29-35.

Das K.; U. Dey; R. Bhaumik; J.K. Datta y N.K. Mondal. 2011. A comparative study of lichen biochemistry and air pollution status of urban, semi urban and industrial area of Hooghly and Burdwan district, West Bengal. Journal of Stress Physiology & Biochemistry 7(4): 311-323.

Diamond, J. M. 1975. Assembly of species communities. En: Cody, M. L. y J. M. Diamond (eds.). Ecology and evolution of communities. Harvard University Press, Cambridge. Pp: 342-444.

Ecaterina, F. 2015. Analysis of the saxicolous lichen communities in Măcin Mountains National Park. Acta Horti Bot. Bucurest 42: 1-20.

Elix, S. 1996. Secondary metabolite of lichens. En: Nash, T. (ed.). Lichen Biology. Cambridge University Press. Pp: 65-71.

Ellis, Ch. 2008. Explaining the composition and diversity of lichen epiphytes on aspen (*Populus tremula* L.). Royal Botanic Garden, Edinburgh Publishing.

Eriksson, O. E. 1992. *Psoroglena cubensis* in *Flaka papillata gen. et sp. nov.*, two corticolous lichens with a pantropical distribution. Sistema Ascomycetien 11: 11-27.

Esseen, P. A. 1981. Host specificity and ecology of epiphytic macrolichens in some central Swedish spruce forests. Wahlenbergia 7:73–80.

Estévez, M. P. y M. I. Orus. 1981. Localización de β-1,4 glucanasa de *Evernia prunasti.* IV Reunión de la Sociedad Española de Fisiología Vegetal. Salamanca. 7pp.

Eversman, S.; C. Johnson y D. Gustafson. 1987. Vertical distribution of epiphytic lichens on three tree species in Yellowstone National Park. The Bryologist 90 (3): 212-216.

Evert, R. 2006. Esau´s Plant Anatomy. Meristems, cells and tissues of the plant body: their structure, function and development. Third Edition. 607 pp.

Fanning, E.; J. S. Ely; H. T. Lumbsch y H. W. Keller. 2007. Vertical distribution of lichen growth forms in tree canopies of Great Smoky Mountains National Park. Southeastern Naturalist 6(2): 83-88.

Favero-Longo, S. y R. Piervittori. 2010. Lichen-plant interactions. Journal of Plant Interactions 5(3): 163-177

Feinsinger, P. 2004. Diseño de estudios de campo para la conservación de la biodiversidad. Editorial FAN. Santa Cruz de la Sierra, Bolivia. 242 pp.

Font Quer, S. 1970. Diccionario de Botánica. Editorial Revolucionaria. 1224 pp.

Frazer, G. W.; C. D. Canham y K. P Lertzman. 1999. Gap Light Analyzer (GLA), Version 2.0: Imaging software to extract canopy structure and gap light transmission indices.

Frisch, A.; K. Kalb y M. Grube. 2006. Contributions towards a new systematics of the lichen family *Thelotremataceae*. Bibliotheca Lichenologica 92: 1–556.

Fritz, Ö. y J. Heilmann-Clausen. 2010. Rot holes create key microhabitats for epiphytic lichens and bryophytes on beech (*Fagus sylvatica*). Biological Conservation 143: 1008–1016.

Fritz, Ö. y J. Brunet. 2010. Epiphytic bryophytes and lichens in Swedish beech forests – effects of forest history and habitat quality. Ecological Bulletins 53: 95–107.

Galloway, D. J. 1994. Studies on the lichen genus *Sticta* (Schreber) Ach.: I. Southern South American species. The Lichenologist 26(3): 223-282

García-Mateos, R y R. Pérez-Leal. 2003. Fitoalexinas: mecanismo de defensa de las plantas. Revista Chapingo. Serie Ciencias Forestales y del Ambiente 9(1): 5-10.

Gargas, A.; P. DePriest; M. Grube y A. Theler. 1995. Multiple origins of lichen symbioses in fungi suggested by SSU rDNA phylogeny. Science 268: 1492-1495.

González–Oreja, J.; A. de la Fuente–Díaz; L. Hernández–Santín; D. Buzo–Franco y C. Bonache–Regidor. 2010. Evaluación de estimadores no paramétricos de la riqueza de especies. Un ejemplo con aves en áreas verdes de la ciudad de Puebla, México. Anim. Biodiv. Conserv. 33: 31-45.

Gotelli, N. J. 2000. Null model analysis of species co-occurrence patterns. Ecology 81: 2606-2621.

Gotelli, N. J. y G. R. Graves. 1996. Null models in ecology. Smithsonian Inst. Press. 389 pp.

Gotelli, N. J. y R. K. Colwell 2001. Quantifying biodiversity: procedures and pitfalls in the measurement and comparison of species richness. Ecol. Lett. 4: 379-391.

Gotelli, N. J. y G. L. Entsminger. 2006. EcoSim: Null Models Software for Ecology. Version 7. Acquired Intelligence Inc. and Kesey-Bear, Jericho. http://garyentsminger.com/ecosim.htm [Accedido: julio 11, 2012]

Gotelli, N. J. y G. L. Entsminger. 2012. EcoSim: Null Models Software for Ecology. Version 7.72. Acquired Intelligence Inc. http://www.uvm.edu/ecosim.html [Accedido: octubre 18, 2014]

Gowan, S. 1983. The phytogeography of the lichens of Fundy National Park. Master´s thesis, Carleton University. 130 pp.

Gradstein, R. 1992. The vanishing tropical rain forest as an environment for bryophytes and lichens. En: Bates J. W y A. M Farmer (eds.). Bryophytes and lichens in a changing environment. Clarendon Press, Oxford. Pp: 234–258.

Gradstein, R.; P. Hietz; R. Lücking; A. Lücking; H. Sipman; H. Vester; J. Wolf y E. Gardette. 1996. How to sample the epiphytic diversity of tropical rain forests. Ecotropica 2: 59-72.

Gradstein, R.; N. Nadkarni; T. Krömer; I. Holz y N. Nöske. 2003. A protocol for rapid and representative sampling of vascular and non-vascular epiphyte diversity of tropical rain forest. Selbyana 24(1): 105-111.

Gunderley, R. 1999. Die *Lecanora subfusca*-gruppe in Süd- und Mittelamerika. Journal of Hattori Botanical Laboratory 87: 131-257.

Hale, E. (Jr). 1976. A monograph of the lichen genus *Pseudoparmelia* Lynge (Parmeliaceae). Smitsonian Contributions to Botany 31: 1-62.

Hale, E. (Jr). 1987. A monograph of the lichen genus *Parmelia* Acharius *sensu stricto* (Ascomycotina: *Parmeliaceae*). Smitsonian Contributions to Botany 66: 1-55.

Halffter, G. y C. Moreno. 2005. El significado de las diversidades Alfa, Beta y Gamma En: Halffter, G.; J. Soberón; P. Koleff y A. Melic (eds.). Sobre diversidad biológica: el significado de las diversidades Alfa, Beta y Gamma. Monografías Tercer Milenio. Vol: 4. CONABIO, DIVERSITAS y S.E.A. Zaragoza. Pp: 5-18.

Halffter, G.; J. Soberón; P. Koleff y A. Melic. Sobre diversidad biológica: el significado de las diversidades Alfa, Beta y Gamma. Monografías Tercer Milenio. Vol: 4. CONABIO, DIVERSITAS y S.E.A. Zaragoza. 281 pp

Hamada, N.; H. Miyawaki y A. Yamada. 1995. Substrate specificity of epiphytic lichens. Annual Report of Osaka City. Institution of Public Health and Environment Science 57:95–101.

Harris, G. 1971. The ecology of corticolous lichens. II. The relationship between physiology and environment. Journal of Ecology 59: 431-439.

Hedenås, H. y L. Ericson. 2000. Epiphytic macrolichens as conservation indicators of succesional sequence in *Populus tremula* stands. Biological Conservation 93: 43-53.

Hinds, H. 1970. Vertical distribution of lichens on aspens in Michigan. The Bryologist 73(3): 626-628.

Holz, I. y R. Gradstein. 2005. Cryptogamic epiphytes in primary and recovering upper montane oak forests of Costa Rica - species richness, community composition and ecology. Plant Ecology 178: 89–109.

Honegger, R. 1996. Morphogenesis of lichens. En: Nash, T. (ed.). Lichen Biology. Cambridge University Press. Pp: 24-36.

Hubbell, S. 2001. The Unified Neutral Theory of Biodiversity and Biogeography. Princeton University Press. 28 pp.

Iglesias, H. 2000. La familia *Cladoniaceae* en Cuba. Los géneros *Cladia* y *Cladina* (Ascomicetes liquenizados: Lecanorales). Acta Botánica Cubana 139: 1-10.

Irzhigitova, D. M. y E. S. Korchikov. 2011. Some chemical characteristics of bark as a substrate for lichen's developing (Krasnosamarsky forest as an example), Vestnik SamGU. Estestvenno-Nauchnaya Ser. 5(86): 144–152.

Jahns, H. M. 1988. The lichen thallus. En: Galum, M. (ed.). Handbook of Lichenology. Boca Ratón: CRC Press. Vol 1. Pp: 95-143.

Jaksic, F. y L. Marone. 2007. Ecología de comunidades. Ediciones Universidad Católica de Chile. 235 pp.

Jiménez-Valverde, A. y J. Hortal. 2003. Las curvas de acumulación de especies y la necesidad de evaluar la calidad de los inventarios biológicos. Revista Ibérica de Aracnología 8: 151-161.

Johansson, D. 1974. Ecology of vascular epiphytic in West African rain forest. Acta Phytogeography Suec. 59: 1-129.

Jones, M. P. 1980. Epiphytic macrolichens of the Algarve, Portugal. The Lichenologist 12:253–275.

Joshi, Y.; M. Tripathi; Z. Jinnah; K. Bisht y D. K. Upreti. 2016. Host specificity of epiphytic macrolichens: a case study of Jageshwar forest (Uttarakhand) India. Tropical Ecology 57(1): 1-8.

Jost, L. 2007. Partitioning diversity into independent alpha and beta components. Ecology 88: 2427–2439.

Jovan, S. y B. McCune. 2004. Regional variation in epiphytic macrolichens communities in northern and central California forest. The Bryologist 107(3): 328-339.

Kantvilas, G. y S. J. Jarman. 2004. Lichens and bryophytes on *Eucalyptus obliqua* in Tasmania: management implications in production forest. Biological Conservation 117: 359-373.

Keddy, P. A. 2001. Competition. Population and community. Biology series. Kluwer Academic Publishers. Pp:1-7

Kelly, D. L.; G. O'Donovan, J. Feehan, S. Murphy, S. O. Drangeid y L. Marcano-Berti. 2004. The epiphyte communities of a montane rain forest in the Andes of Venezuela: patterns in the distribution of the flora. Journal of Tropical Ecology 20: 643–666.

Kirk, P. M. 2008. *Species Fungorum*. http://www.speciesfungorum.org [Accedido: mayo 22, 2015]

Kirk, P. M.; P. F. Cannon; D. W. Minter y J. A. Stalpers (eds.). 2008. Ainsworth y Bisby's dictionary of fungi. 10th ed. Wallingford, UK: CAB International, Cambridge University Press. 771 pp.

Koleff, P. 2005. Conceptos y medidas de la diversidad beta. En: Halffter G.; J. Soberón; P. Koleff y A. Melic (eds.). Sobre diversidad biológica: el significado de las diversidades alfa, beta y gamma. Monografías Tercer Milenio. Vol: 4. CONABIO, DIVERSITAS & S.E.A. Zaragoza. 19-40.

Komposch, H. y J. Hafellner. 2000. Diversity and vertical distribution of lichen in Venezuela tropical lowland rain forest. Selbyana 21(1, 2): 11-24.

Komposch, H. y J. Hafellner. 2002. Life form diversity of lichenized fungi in an Amazon lowland rainforest. Bibliotheca lichenological 82: 311-326.

Koopman, R. 2005. Allelopathic effects of bark phenols on epiphytic lichens. PhD Thesis of Mathematisch-Naturwissenschaftlichen Fakultät der Rheinischen-Friedrich-Wilhelms Universität Bonn. Pp: 89.

Koopman, R.; H. Stevens; I. Franzen-Reuter; J. Frahm y M. Grote. 2007. *In vitro* inhibition of soredial growth in the epiphytic lichen *Physcia tenella* (Ascomycetes: *Lecanorales*) by a variety of bark phenols. The Lichenologist 39(6): 567–572

Kuusinen, M. 1996a. Epiphytic lichen flora and diversity in old growth boreal forest of Finland. Publication in Botanic from the University of Helsinki. Helsinki 23: 1-29.

Kuusinen, M. 1996b. Cyanobacterial macrolichens on *Populus tremula* as indicators of forest continuity in Finland. Biological Conservation 75: 43-49.

Lakatos, M.; U. Rascher y B. Büdel. 2006. Functional characteristics of corticolous lichens in the understory of tropical lowland. New Phytologist 172:679-695.

Latkowska, E.; E. Chrapusta; B. Bober, A. Kaminski, M. Adamski y J. Bialczyk. 2015. Allelopathic effects of epiphytic lichen *Hypogymnia physodes* (L.) Nyl. colonization on the spruce (*Picea abies* (L.) Karst.) bark. Allelopathy Journal 35(1): 129-138.

Lange, O. L. 1969. Experimentell-ökologische Untersuchungen an Flechten der Negev-Wüste. I. CO_2- Gaswechsel von *Ramalina maciformis* (Del.) Bory unter kontrollierten bedingungen im Laboratorium. Flora (Jena) 158: 324-359.

Laufer, Z.; R. Beckett; F. Minibayeva; S. Lüthje y M. Böttger. 2006. Occurrence of laccases in lichenized ascomycetes of the *Peltigerinae*. Mycol Res. 110: 846-853.

Lennon, J.; P. Koleff; J. Greenwood y K. Gaston. 2001. The geographical structure of British bird distributions: diversity, spatial turnover and scale. Journal of Animal Ecology 70: 966–979.

Li, S.; W. Liu; D. Li; L. Song; X. Shi y H. Lu. 2015. Species richness and vertical stratification of epiphytic lichens in subtropical primary and secondary forests in southwest China. Fungal Ecology 17: 30-40.

Lisewski, V. y Ch. Ellis. 2011. Lichen epiphyte abundance controlled by the nested effect of woodland composition along macroclimatic gradients. Fungal Ecology 4(3): 241–249.

López, A.; M. Rodríguez Tasé y A. Cárdenas. 1994. El endemismo vegetal del Turquino (Cuba Oriental). Fontqueria 39: 395-431.

Loppi S. y L. Frati. 2004. Influence of tree substrate on the diversity of epiphytic lichens: comparison between *Tilia platyphyllos* and *Quercus ilex* (central Italy). The Bryologist 107: 340–344.

Lücking, R. 1995. Biodiversity and conservation of foliicolous lichens in Costa Rica. Mitt. Eidgenöss Forsch-anst. Wald Schnee Landsch. 70 (1): 63-92.

Lücking, R. 1998. Ecology of foliicolous lichens at the "Botarrama" Trail (Costa Rica), a neotropical rainforest site. II. Patterns of diversity and area cover, and their dependence on microclimate and phorophyte species. Ecotropica 4:1-24.

Lücking, R. y E. Rivas. 2008. Clave y guía ilustrada para géneros de *Graphidaceae*. GLALIA 1: 1–41.

Lumbsch, T.; T. H. Nash y M. I. Messuti. 1999. A revision of *Pertusaria* species with hyaline ascospores in Southwestern North America (Pertusariales, Ascomycotina). The Bryologist 102(2): 215-239.

Maestre, F. T.; C. Escolar; I. Martínez y A. Escudero. 2008. Are soil lichen communities structured by biotic interactions? A null model analysis. J. Veg. Sci. 19: 261-266.

Maestre, F. T.; M. A. Bowker; C. Escolar; M. D. Puche; S. Soliveres; S. Maltez-Mouro; P. García-Palacios; A. P. Castillo-Monroy; I. Martínez y A. Escudero. 2010. Do biotic interactions modulate ecosystem functioning along stress gradients? Insights from semi-arid plant and biological soil crust communities. Phil. Trans. R. Soc. B 365: 2057–2070.

Magurran, A. 2004. Measuring biological diversity. Blackwell Science Ltd. 256 pp.

Mandl, N.; M. Lehnert, M. Kessler y R. Gradstein. 2010. A comparison of alpha and beta diversity patterns of ferns, bryophytes and macrolichens in tropical montane forests of southern Ecuador. Biodivers Conserv (2010) 19:2359–2369

Mangold, A.; M. P. Martín; R. Lücking y H. T. Lumbsch. 2008. Molecular phylogeny suggests synonymy of *Thelotremataceae* within *Graphidaceae* (Ascomycota: Ostropales). Taxon 57: 476–486.

McCune, B. 1993. Gradients in epiphyte biomass in three *Pseudotsuga–Tsuga* forests of different ages in western Oregon and Washington. The Bryologist 96:405–411.

McCune, B. 2000. Lichen communities as indicators of forest health. The Bryologist 103: 353–356.

McCune, B. y M. J. Mefford. 1999. PC-ORD. Multivariate Analysis of Ecological Data. Version 5.0, MjM Software, Gleneden. Beach, Oregon, U.S.A.

Mercado-Díaz, J. 2009. Checklist of lichens and lichenicolous fungi of Puerto Rico. http://lichensofpuertorico.herbario.upr.edu. [Accedido: abril 22, 2014].

Mercado-Diaz J. 2015. Lichens in Puerto Rico: an ecosystem approach. Gen. Tech. Rep. IITF-GTR-46. San Juan, PR: U.S. Department of Agriculture, Forest Service, International Institute of Tropical Forestry. 76 p.

Mercado-Diaz, J.; W. Gould; G. González y R. Lucking. 2013. Four new species of *Coenogonium* (*Ascomycota: Ostropales*) from vulnerable forest ecosystems in Puerto Rico. The Bryologist 116(4): 373-381.

Miadlikowska, J.; F. Lutzoni; T. Goward; S. Zoller y D. Posada. 2003. New approaches to an old problem: incorporating signal from gap-rich regions of ITS and rDNA large subunit into phylogenetic analyses to resolve the *Peltigera canina* species complex. Mycologia 95:1181–1203.

Minter, D. W.; M. Rodríguez-Hernández y J. Mena Portales. 2001. Fungi of the Caribbean. An annotated checklist. UK, Middlesex. 946 pp.

Minter, D. W.; J. Mena Portales; M. Rodríguez-Hernández; H. Iglesias Brito; M. Camino Vilaró y A. Mercado Sierra. 2002. Mapas de distribución computarizados de los Hongos del Caribe. Electronic publication on CD, containing 11950 HTML-format pages and 11756 GIF-format maps. Isleworth, K, PDMS Publishing. ISBN 0954016971.

Moberg, R. 1990. The lichen genus *Physcia* in Central and South America. Nord. Journal of Botany 10: 319-342.

Monso, M. A. 1989. Aportaciones al conocimiento de los líquenes epífitos sobre los abedulares del sistema ibérico. Turiaso 9: 455-466.

Montagne, J. F. 1845. Botanique plantes cellularies: Lichens. En: R. de la Sagra y Peris. Histoire physique, politique et naturelle de l´Ile de Cuba.Vol. IX.

Montenegro, U. 1991. Clima. Atlas de Santiago de Cuba. BIOECO. MEGACEM.

Montfoort, D. y R. C. Ek. 1990. Vertical distribution and ecology of epiphytic bryophytes and lichens in lowland rain forest in French Guiana. Masters Thesis, Utrecht University, Utrecht The Netherlands. 87 pp.

Moreno, C. E. 2001. Métodos para medir la biodiversidad. M&T–Manuales y Tesis SEA, vol.1. Zaragoza. 84 pp.

Müller, J. 1894. Arthoniae et Arthothelii species wightianae in insula Cuba lectae. Bullettin de l´herbierboisser,Geneve 2(12): 725-736.

Muñoz, J.; A. M. Felicísimo; F. Cabezas; A. R. Burgaz y I. Martínez. 2004. Wind as a long-distance dispersal vehicle in the Southern Hemisphere. Science 304 (5674): 1144-1147.

Nascimbene, J.; L. Marini y P. Nimisa. 2010a. Epiphytic lichen diversity in old-growth and managed *Picea abies* stands in Alpine spruce forests. Forest Ecology and Management 260(5): 603–609.

Nascimbene, J.; G. Brunialti; S. Ravera; L. Frati y G. Caniglia. 2010b. Testing *Lobaria pulmonaria* (L.) Hoffm. as an indicator of lichen conservation importance of Italian forests. Ecological Indicators 10(2): 353-360.

Nascimbene, J.; R. Benesperi; G. Brunialti; I. Catalano; D. Vedove; M. Grillo; D. Isocrono; E. Matteucci; G. Potenza; D. Puntillo; M. Puntillo; S. Ravera; G. Rizzi y P. Giordani. 2013. Patterns and drivers of β-diversity and similarity of *Lobaria pulmonaria* communities in Italian forests. Journal of Ecology 101: 493–505.

Nash, T. 1996. Lichen Biology. Cambridge University Press. 303 pp.

Nekola, J. C. y P. S. White. 1999. The distance decay of similarity in biogeography and ecology. Journal of Biogeography 26: 867-878.

Nelsen, M.; R. Lücking; A. Aptroot; C. Andrew; M. Cáceres; E. Rivas Plata; C. Gueidan; L. da Silva; A. Knight; L. Ludwig; J. Mercado-Díaz; S. Parnmen y T. Lumbsch. 2014. Elucidating phylogenetic relationships and genus-level classification within the fungal family *Trypetheliaceae* (*Ascomycota: Dothideomycetes*). Taxon 63 (5): 974-992.

Nylander, W. 1862. Expositio synoptica generis Coenogonii. Botanische Zeitung 20: 177-178.

Nylander, W. 1866. Collectio lichenum ex Cuba. Flora (Jena) 4: 289-295.

Nylander, W. 1876a. Circa Pyrenocarpeos in Cuba collectos a cl. Wrihgt. Flora (Jena) 59: 364-364.

Nylander, W. 1876b. Ramalinae Cubanae novae. Flora (Jena) 59: 411-412.

Nylander, W. 1876c. Lecanorae Cubanae novae. Flora (Jena) 59: 508-510.

Nylander, W. 1876d. Collecmacei, Caliciei, Cladoniei et Thelotremei Cubani novi. Flora (Jena) 59: 558-562.

O'Brien, H.; J. Miadlikowska y F. Lutzoni. 2009. Assessing reproductive isolation in highly diverse communities of the lichen-forming fungal genus *Peltigera*. Evolution 63(8): 2076–2086

Palmer, M. 1990. The estimation of species richness by extrapolation. Ecology 71: 1195-1198.

Papong, K.; A. Mangold; J. Corush; R. Lücking y T. Lumbsch. 2009. Phylogenetic position of the foliicolous genus *Chroodiscus* (Ostropales, Ascomycota) inferred from nuclear and mitochondrial ribosomal DNA sequences. Fungal Diversity 38: 147-153.

Pearre, S. (Jr). 1982. Estimating prey preference by predators: uses of various indices and proposal of another based on X^2. Can. J. Fish. Aquat. Sci. 39: 914-923.

Peck, J. E.; J. Grabner; D. Ladd y D. R. Larsen. 2004. Microhabitat affinities of Missouri Ozarks lichens. The Bryologist 107:47–61.

Pérez, R.; N. Miramontes; J. Rosales y H. Quiroz. 2008. Macrolíquenes cortícolas en dos especies de coníferas del Parque Nacional Laguna de Zempoalas. Acta Universitaria 18: 33-39.

Pino-Bodas, R.; M. Martín y A. R. Burgaz. 2010. Insight into the *Cladonia convoluta* - *C. foliacea* (*Cladoniaceae*, *Ascomycota*) complex and related species, revealed through morphological, biochemical and phylogenetic analyses. Systematics and Biodiversity, 8(4): 575-586.

Piñol, M. y J. Palazón. 1993. Metabolismo secundario. En: Azcon-Bieto, J. y M. Talon. Fisiología y Bioquímica vegetal. Pp.: 234.

Pitta, E.; S. Giokas y S. Sfenthourakis. 2012. Significant pairwise co-occurrence patterns are not the rule in the majority of biotic communities. Diversity 4: 179-193.

Pluntke, M. 1984. Die Flechtenflora Kubas (Flora Lichenum Cubensis). Terrestrische Ökologie. Sondrheft 4. Universitäts und Landesbibliothek. Sachsen-Anhalt. Pp.: 1-157.

Plutín, N. 1991. Clima. Atlas de Santiago de Cuba. BIOECO. MEGACEM. Pp.: 83-84.

Pócs, T. 1982. Tropical forest bryophytes. En: A.J.E. Smith (ed.). Bryophyte Ecology. Chapman y Hall. London. Pp: 59-104.

Purvis, W. 2000. Lichens. The Natural History Museum, London. 112 pp.

Reyes, O. J. 2012. Clasificación de la vegetación de la Región Oriental de Cuba. Revista del Jardín Botánico Nacional, Universidad de la Habana 32-33: 59-71.

Reyes, O. J.; O. Pelicié; C. Vinent; L. M. Labrada; E. Semanat y E. Fornaris. 2005. Estudio fisionómico y funcional de la pluvisilva montana de la Gran Piedra, Cuba. Foresta Veracruzana. Xalapa. Univer. Veracruzana, México. Vol. 7(2): 7-14.

Riddle, L. W. 1923. The lichen of the Isle of Pines. Mycologia, Lancaster 15: 68-88.

Rivas Plata, E.; R. Lücking y T. Lumbsch. 2007. When family matters: An analysis of *Thelotremataceae* (Lichenized Ascomycota: Ostropales) as bioindicators of ecological continuity in tropical forests. Biodiversity and Conservation 17: 1319-1351.

Rivas Plata, E.; R. Lücking y T. Lumbsch. 2012. Molecular phylogeny and systematics of the *Ocellularia* clade (*Ascomycota: Ostropales: Graphidaceae*). Taxon 61(6): 1161-1179

Rivas Plata, E.; R. Lücking; H. Sipman; A. Mangold; K. Kalb y H. T. Lumbsch. 2010. A world-wide key to the thelotremoid *Graphidaceae*, excluding the *Ocellularia-Myriotrema-Stegobolus* clade. Lichenologist 42: 139–185.

Rivas Plata, E.; R. Lücking; A. Aptroot; H. Sipman; J. L. Chávez; L. Umaña y D. Lizano. 2006. A first assessment of the Ticolichen biodiversity inventory in Costa Rica: the genus *Coenogonium* (*Ostropales: Coenogoniaceae*), with a world-wide key and checklist and a phenotype-based cladistic analysis. Fungal Diversity 23: 255-321.

Rose, F. 1988. Phytogeographical and ecological aspects of Lobarion communities in Europe. Botanical Journal of the Linnean Society 96: 69-79.

Satya, D.; K. Upreti y K. Tandon. 2013. Species Diversity and Host Specificity of Epiphytic Lichens: A Case Study in Two Forest Stands of Central India. International Journal of Ecology and Environmental Sciences 49(4): 15-22.

Schmitt C. K. y N. G. Slack. 1990. Host specificity of epiphytic lichens and bryophytes: a comparison of the Adirondack Mountains (New York) and the Southern Blue Ridge Mountains (North Carolina). The Bryologist 93:257–274.

Siegel, S. y N. J. Castellán. 1995. Estadística no paramétrica: aplicada a las ciencias de la conducta. Editorial Trillas, México D. F. México. 437 pp.

Sierk, H. A. 1964. The genus *Leptogium* in North America North of Mexico. The Bryologist 67(3): 245-317.

Singleton, V. y J. Rossi Jr. 1965. Colorimetry of total phenolics with phosphomolybdic phosphotungstic acid reagents. American Journal Enology and Viticulture 16(1):144-158.

Sipman, H. 1996. Corticolous lichens. En: Gradstein, R.; P. Hietz; R. Lücking; A. Lücking; H. Sipman; H. Vester; J. Wolf y E. Gardette. How to sample the epiphitic diversity of tropical rain forest. Ecotropica 2: 59-72.

Sipman, H. y R. Harris. 1989. Lichens. En: Lieth H. y M. J. Werger (eds.). Ecosystems of the world. 14B. Tropical rainforest ecosystem. Biogeographical and ecological studies. Pp: 303-309.

Smith, A. J. 1982. Epiphytes and epiliths. En: A. J Smith (ed.): Bryophytes ecology. Academic Press. Pp: 191-227.

Soberón, J. y J. Llorente. 1993. The use of species accumulation functions for the prediction of species richness. Conservation Biology 7: 480-488.

Sokal, R. y F. Rohlf. 2012. Biometry: the principles and practice of statistics in biological research, 4th edition. W. H. Freeman and Co.: New York. 937 pp.

Sørensen, T. 1948. A method of establishing groups of equal amplitude in plant sociology based on similarity of species content and its application to analyses of vegetation on Danish commons. Biologiske Skrifter 5: 1–34.

Soto, E.; R. Lücking y A. Bolaños. 2012. Especificidad de forófito y preferencias microambientales de los líquenes cortícolas en cinco especies de forófitos en el bosque premontano de la finca Zíngara (Cali, Colombia). Revista de Biología Tropical 60(2): 843-856.

Stocker-Wörgötter, E. 2002. Investigating the production of secondary compounds in cultured lichens mycobionts. En: Kranner, I.; R. Beckett y A. Varma (eds.). Protocols in lichenology: culturing, biochemistry, ecophysiology and use in biomonitoring. 296 pp.

Stone, L. y A. Roberts. 1990. The checkerboard score and species distributions. Oecologia 85: 74-79.

Stoyan, D. y H. Stoyan. 1994. Fractals, random shapes and point fields. John Wiley & Son Ltd. Pp: 399.

Svensson, M.; A. Dahlberg; T. Ranius y G. Thor. 2013. Occurrence patterns of lichens on stumps in young managed forests. PLoS ONE 8(4): e62825.

Tegelgerg, R. y R. Julkunen-Tiitto. 2001. Quantitative changes in secondary metabolites of dark leaved willow (*Salix myrsinifolia*) exposed to enhanced ultraviolet β-radiation. Physiology plant 113: 451-547.

ter Braak, C. 1986. Canonical Correspondence Analysis: a new eigenvector technique for multivariate direct gradient analysis. Ecology 67:1167-179.

Tibell, L. 1996. Caliciales. Flora Neotropica 69: 78 pp.

Uliczka, H. y P. Angelstam. 1999. Occurrence of epiphytic macrolichens in relation to tree species and age in managed boreal forest. Ecography 22: 396-405.

Uliczka, H. y P. Angelstam. 2000. Assessing conservation values of forest stand based on specialised lichen and birds. Biological Conservation 95: 343-351.

Ulrich, W. 2008. - Nestedness – a FORTRAN program for calculating ecological matrix temperatures. www.uni.torun.pl/~ulrichw

Ulrich, W. y N. Gotelli. 2007. Disentangling community patterns of nestedness and species co-occurrence. Oikos 116: 2053-2061.

Ulrich, W. y N. Gotelli. 2012 Pattern detection in null model analysis. Oikos 000: 1-17

Ulrich, W.; M. Almeida-Neto y N. Gotelli. 2009. A consumer's guide to nestedness analysis. Oikos 118: 3–17.

Vainio, E. 1896. Lichenes Antillarum a W. R. Elliot collecti. Journal of Botany, London 34 :31-36, 66-72, 100-107, 204-210, 258-266, 292-297.

Van Oye, M. P. 1924. Ecologie des épiphytes des troncs d'arbres au Congo Belge. Rev. Gén. Bot. 36: 481-498.

Vězda, A. 1984. Foliikole Flechten der Insel Kuba. Folia Geobot. Phytotax. 19: 177-210.

Vězda, A. y V. Samek. 1972. Cladonien der Kiefernwälder im NO der Provinz Oriente, Cuba, Casopis Slezskiho Muzea. Acta Musei Silesiae, Serie A, Hist. Nat. 21:1-12.

Wallace, T. 1970. The diagnosis of mineral deficiencies in plants by visual symptoms. University of Bristol Agricultural and Horticultural Research Station. 253 pp.

Werth, S.; H. Tømmervik y A. Elvebakk. 2005. Epiphytic macrolichen communities along regional gradients in northern Norway. Journal of Vegetation Science 16: 199-208.

Whittaker, R. H. 1960. Vegetation of the Siskiyou Mountains, Oregon and California. Ecological Monographs 30: 279-338.

Wirth, M. y M. E. Hale (Jr). 1978. Morden-Smithsonian Expedition to Dominica: The Lichens (*Graphidaceae*). Smitsonian Contributions to Botany 40: 1-64.

Wolf, J. 1993. Diversity patterns and biomass of epiphytic bryophytes and lichens along an altitudinal gradient in the northern Andes. Ann Mo Bot Gard 80:928–960.

Wolf, J. 1994. Factors controlling the distribution of vascular and non-vascular epiphytes in the northern Andes. Vegetatio 112:15–28.

Wolf, J. 1995. Non-vascular epiphyte diversity patterns in the canopy of an upper montane rain forest (2550–3670 m), central cordillera, Colombia. Selbyana 16:185–195.

Wolseley, P. A. y B. Aguirre-Hudson. 1997a. Fire in tropical dry forest corticolous lichens as indicator of recent ecological changes in Thailand. Journal of Biogeography 24: 345-362.

Wolseley, P. A. y B. Aguirre-Hudson. 1997b. The ecology and distribution of lichens in tropical deciduous and evergreen forests of northern Thailand. Journal of Biogeography 24: 327-343.

Wolseley, P. A.; C. Moncrieff y B. Aguirre-Hudson. 1994. Lichens as indicators of evironmental stability and change in the tropical forest of Thailand. Global Ecology and Biogeography Letters 4: 116–123.

Zar, J. 2010. Biostatistical analysis. Pearson Prentice Hall. 931 pp.

Zhang, T.; X. Wei; Y. Zhang; H. Liu y L. Yu. 2015. Diversity and distribution of lichen-associated fungi in the Ny-Ålesund Region

(Svalbard, High Arctic) as revealed by 454 pyrosequencing. Scientific Reports 5: 1-8.

Zotz, G. 2007. Johansson revisited: the spatial structure of epiphyte assemblages. Journal of Vegetation Science 18: 123-130.

Publicaciones de la autora relacionadas con el tema de la tesis

- **Rosabal, D.,** A. R. Burgaz y O. J. Reyes. 2016. Analizando la diversidad beta en ensambles de líquenes en un gradiente vertical sobre cinco especies de forófitos en la pluvisilva montana de la Gran Piedra, Cuba. *Botanica Complutensis* 40: 23-33.
- **Rosabal, D.,** A. R. Burgaz y O. J. Reyes. 2014. Lichen species co-occurrence patterns on five trees species of the montane rainforest of Gran Piedra, Santiago de Cuba. *Botanica Complutensis* 38: 97-104.
- **Rosabal, D.**; A. R. Burgaz y O. J. Reyes. 2013. Substrate preferences and phorophyte specificity of corticolous lichens on five tree species of the montane rainforest of Gran Piedra, Santiago de Cuba. The Bryologist 116 (2): 113-121.
- **Rosabal, D.**; A. R. Burgaz y O. J. Reyes. 2012. Diversidad y distribución vertical de líquenes corticícolas en la pluvisilva montana de la Gran Piedra, Cuba. *Botanica Complutensis* 36: 19-30.
- **Rosabal, D.**; A. R. Burgaz; A. Altamirano y G. Aragón. 2012. Differences in diversity and reproductive strategies of corticolous lichens between interior and edge of the Monte Barranca semi-deciduous forest, Santiago de Cuba. The Bryologist 115 (2): 333-340.

- **Rosabal, D.** y G. Aragón. 2010. Líquenes epífitos en el matorral costero de la Reserva Ecológica Siboney-Juticí (Cuba). *Botanica Complutensis* 34: 21-25.
- **Rosabal, D.**; A. R. Burgaz y R. De la Masa. 2010. Diversity and distribution of epiphytic macrolichens on tree trunks in two slopes of the montane rainforest of Gran Piedra, Santiago de Cuba. The Bryologist 113 (2): 313-321.
- **Rosabal, D.** y A. R. Burgaz. 2010. Líquenes corticícolas en dos formaciones vegetales de la Reserva Ecológica Loma del Gato-Monte Líbano (Cuba). *Botanica Complutensis* 34: 27-30.

Especial agradecimiento a los tutores de la tesis en opción al título de Doctor en Ciencias Biológicas: Dra. C. Ana Rosa Burgaz (Universidad Complutense de Madrid, España), Dr. C. Orlando Joel Reyes (Centro Oriental de Ecosistemas y Biodiversidad, Santiago de Cuba) y Dra. C. Mayra Camino Vilaró (Universidad de La Habana).

Agradezco a los Dr. C. Jorge Gutiérrez, Michel Almaguer, Jorge Fontenla, Sara Herrera, Bernardo Reyes, Carlos Sánchez, Ángel Motito, Adrián Trapero, Humberto Morris y Gerardo Echavarría, por la revisión del manuscrito y sus acertadas recomendaciones y señalamientos. Al Dr. C Robert Lücking por su colaboración en la identificación de algunas especies de las familias Thelotremataceae y Graphidaceae. Al Dr. C. Edgar Hernández y MSc. Manuel González, por su contribución en las determinaciones de la química de la corteza.

MIX
Papier | Fördert gute Waldnutzung
FSC® C083411

Kolibri 360 GmbH
Ferdinand-Jühlke-Straße 7
99095 Erfurt, Deutschland
produktsicherheit@kolibri360.de

Druck:
CPI Druckdienstleistungen GmbH
im Auftrag der
Kolibri 360 GmbH
Ferdinand-Jühlke-Str. 7
99095 Erfurt